新しい電気・電子計測

大浦 宣徳・関根 松夫 [共著]

Ohmsha

本書は，昭晃堂から発行されていた「新しい 電気・電子計測」をオーム社から発行するものです．

本書を発行するにあたって，内容に誤りのないようできる限りの注意を払いましたが，本書の内容を適用した結果生じたこと，また，適用できなかった結果について，著者，出版社とも一切の責任を負いませんのでご了承ください．

本書は，「著作権法」によって，著作権等の権利が保護されている著作物です．本書の複製権・翻訳権・上映権・譲渡権・公衆送信権（送信可能化権を含む）は著作権者が保有しています．本書の全部または一部につき，無断で転載，複写複製，電子的装置への入力等をされると，著作権等の権利侵害となる場合があります．また，代行業者等の第三者によるスキャンやデジタル化は，たとえ個人や家庭内での利用であっても著作権法上認められておりませんので，ご注意ください．

本書の無断複写は，著作権法上の制限事項を除き，禁じられています．本書の複写複製を希望される場合は，そのつど事前に下記へ連絡して許諾を得てください．

出版者著作権管理機構
（電話 03-5244-5088, FAX 03-5244-5089, e-mail: info@jcopy.or.jp）

JCOPY ＜出版者著作権管理機構 委託出版物＞

まえがき

　電気・電子計測は，将来電気系の技術者あるいは研究者を目指す学生にとっては習得しなければならない重要な科目である．上梓以来十五年を経過した前著『電気・電子計測』を大学の教育状況の多様性にも即するように，新しい観点から大幅に書き改めた．最近の集積回路技術の進歩により，マイクロコンピュータが測定器にも組み込まれるようになり，従来はアナログ式の指示計器が用いられていた回路テスタもディジタル化されている．大型の計測器では，測定が自動化されて，測定原理を知らなくとも，測定値がディジタル表示されて，測定値のグラフ表示やプリントアウトまで自動的に行えるようになっている．

　しかし，このような状況のもとでは，測定器の動作原理を理解した上で測定を行い，得られた測定値が，所望の測定値であるかどうか吟味することが重要である．そこで，本書では，所望の物理量が正確に測定，評価でき，測定法に習熟できるようにするために，測定器の基本的な動作原理とそれらの使用法に習熟できるように解説し，コンピュータを用いた計測のシステム化と自動化に対応できるように配慮した．

　具体的には，説明の後には理解を深めるために，適宜例題を示して解答のプロセスを具体的に説明し，練習問題解答の一助になるように配慮した．特に，ディジタル計測技術の例として，最小二乗法による計測値の処理を一般化する例としてC言語によるプログラムを示した．読者は，練習問題を解き，巻末の解答と対照することにより，理解をさらに深めることができる．「習うより慣れろ．」(Practice makes perfect.) である．

　電気・電子計測は座学として理解するだけではなく，実際に測定対象にあたって測定してみなければ身につかない．最も身近な実験科目である電気実験で電気・電子計測を実際に体験し，さらに理解を深めていただきたい．

　本書を著すにあたり，巻末に掲載した多くの文献を参考にさせていただいた．関係各位に感謝する．また，出版のお世話をいただいた昭晃堂小林孝雄氏なら

びに佐藤直樹氏に厚くお礼申し上げる.

平成 18 年 10 月

大浦　宣徳
関根　松夫

目　　次

1　計測の基礎

1.1　計測の意義 …………………………………………………… 1
1.2　測　定　法 …………………………………………………… 2
1.3　測　定　誤　差 ……………………………………………… 6
1.4　精度に関する定義 …………………………………………… 8
1.5　測定誤差の原因 ……………………………………………… 10
1.6　測定データと測定誤差の統計的処理 ……………………… 11
1.7　最　小　二　乗　法 ………………………………………… 15
1.8　有　効　数　字 ……………………………………………… 20
1.9　デシベル表示 ………………………………………………… 22
第1章のまとめ …………………………………………………… 25
練　習　問　題 …………………………………………………… 25

2　雑　　音

2.1　熱　雑　音 …………………………………………………… 28
2.2　ショット雑音 ………………………………………………… 30
2.3　フリッカ雑音 ………………………………………………… 31
2.4　信号対雑音比（SN比）……………………………………… 32
2.5　雑　音　指　数 ……………………………………………… 33
第2章のまとめ …………………………………………………… 36
練　習　問　題 …………………………………………………… 36

3　測定と標準

3.1　SI単位と標準 ………………………………………………… 38
3.2　量子電気標準 ………………………………………………… 43

3.3　周波数標準 …………………………………………………… 49
第3章のまとめ ………………………………………………………… 51
練習問題 ………………………………………………………………… 51

4　アナログ量とディジタル量

4.1　アナログ量の変換 ……………………………………………… 52
4.2　ディジタル変換 ………………………………………………… 61
4.3　ディジタル・アナログ変換 …………………………………… 70
第4章のまとめ ………………………………………………………… 72
練習問題 ………………………………………………………………… 73

5　電圧と電流の測定

5.1　はじめに ………………………………………………………… 74
5.2　交流波形と測定値 ……………………………………………… 74
5.3　指示計器とディジタル計器 …………………………………… 77
5.4　直流電圧の測定 ………………………………………………… 78
5.5　交流電圧の測定 ………………………………………………… 81
5.6　高電圧の測定 …………………………………………………… 85
第5章のまとめ ………………………………………………………… 86
練習問題 ………………………………………………………………… 87

6　インピーダンスの計測

6.1　抵抗の測定 ……………………………………………………… 88
6.2　ネットワークアナライザ ……………………………………… 95
第6章のまとめ ………………………………………………………… 96
練習問題 ………………………………………………………………… 97

7　周波数と位相の測定

7.1　精密周波数源とその周波数安定度 …………………………… 98
7.2　周波数カウンタ ………………………………………………… 99

7.3 周波数の測定 …………………………………………………… 102
7.4 位相の測定 ……………………………………………………… 104
7.5 周波数安定度 …………………………………………………… 105
第7章のまとめ ……………………………………………………… 108
練習問題 ……………………………………………………………… 109

8　電力の測定

8.1 直流回路での電力測定法 ……………………………………… 110
8.2 交流回路での電力測定法 ……………………………………… 114
8.3 ホール効果による電子式電力計 ……………………………… 121
8.4 誘導型電力量計 ………………………………………………… 124
8.5 高周波での電力測定 …………………………………………… 125
8.6 スマートメータによる電力測定 ……………………………… 127
第8章のまとめ ……………………………………………………… 127
練習問題 ……………………………………………………………… 128

9　磁気測定

9.1 磁束の測定 ……………………………………………………… 129
9.2 磁性材料の磁化特性の測定 …………………………………… 131
9.3 鉄損の測定 ……………………………………………………… 138
第9章のまとめ ……………………………………………………… 142
練習問題 ……………………………………………………………… 142

10　記録計と波形測定

10.1 グラフ記録計 …………………………………………………… 143
10.2 オシロスコープ ………………………………………………… 148
10.3 サンプリングオシロスコープ ………………………………… 159
10.4 スペクトラムアナライザ ……………………………………… 160
第10章のまとめ …………………………………………………… 162
練習問題 ……………………………………………………………… 162

参考文献 ………………………………………………… 163
練習問題略解 …………………………………………… 165
索　引 …………………………………………………… 171

1 計測の基礎

1.1 計測の意義

計測とは，ある物理量を正確に測定し，それを数量化することである．計測は次の三つの原則からなる．

> 1. 測定装置と測定技術の設計，開発，応用．
> 2. 測定されたデータを解析，解釈して意味ある情報を得る．
> 3. 測定単位系の確立．

【例題 1.1】 クーロンの法則（Coulomb's law）の発見をこの計測の三原則より説明せよ．

〔解答〕 1. 図1.1に示すねじり秤という新しい測定装置を考案した．A，Bに電荷 Q_A, Q_B を与え，ねじれによる力を求めた．

2. 次に得られたデータを解析し，力の大きさ（F），電気量の大きさ（Q_A, Q_B），AB 2物体間の距離（r）の関係を見い出した．

$$F = k_1 \frac{Q_A Q_B}{r^2} \tag{1.1}$$

3. これらの関係式に比例定数 k_1 を与えることによって，初めて電気的な単位量の定義に至った．

$$F = \frac{1}{4\pi\varepsilon_0} \frac{Q_A Q_B}{r^2} \tag{1.2}$$

力 F はニュートン〔N〕，電荷 Q_A, Q_B はクーロン〔C〕，距離 r はメートル〔m〕で ε_0 は真空中の誘電率で $\varepsilon_0 = 8.85 \times 10^{-12}$ F/m である．ここで単位Fはファラッドである．

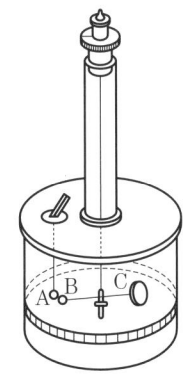

図1.1 クーロンのねじり秤

例題 1.1 に示したように，現代の電気・電子計測は，昔と違って電気量そのものが測定対象となることは少ないであろう．しかし，物理量を測定する手段としては，いつもその根本に置かれるものになる．この電気・電子計測について学ぶことは，自然科学における宇宙の果てから原子の構造まで，時を越え，空間を超えて，未知の問題を追究していく手段を得るためのものとして意義深いものであると考えられる．

1.2 測 定 法

ここでは基本的な測定方式について述べる．

1.2.1 直接測定法と間接測定法

直接測定法（direct measurement method）は，たとえば，図 1.2 に示すように，抵抗 R の両端の電圧を測定したいときに，図のように電圧計をつないで，ただちにその電圧計の指示値を読めばよい．同じように抵抗 R に流れる電流を測定したいときには，図のように電流計を接続してただちにその指示値を読めばよい．このような方法を直接測定法と呼ぶ．

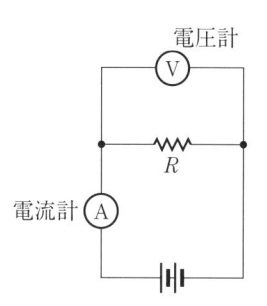

図 1.2 抵抗 R の両端の電圧と抵抗 R に流れる電流の測定法

> **【例題 1.2】** 図 1.2 において，内部抵抗 0 の理想的な電流計，また内部抵抗 ∞ の理想的な電圧計とする．いま，直接測定法で電流計の読みが 2 A，電圧計の読みが 10 V であった．電池の起電力と抵抗 R を求めよ．
> 〔解答〕 電圧計の読みが 10 V で，電池の起電力は同じ 10 V である．抵抗 R はオームの法則より，$R = 10\,\text{V}/2\,\text{A} = 5\,\Omega$ である．

間接測定法（indirect measurement method）は，例題 1.2 で示したように，図 1.2 で抵抗値 R を知りたいときに，電圧計の電圧値 V と，電流計の電流値 I より $R = V/I$ と間接的に計算によって求める方法である．

> **【例題 1.3】** 間接測定法 $R = V/I$ において，R, V, I の誤差を $\Delta R, \Delta V, \Delta I$ としたとき，$\Delta R, \Delta V, \Delta I$ の関係式を求めよ．
> 〔解答〕
>
> $$R + \Delta R = \frac{V + \Delta V}{I + \Delta I} = \frac{\dfrac{V}{I} + \dfrac{\Delta V}{I}}{1 + \dfrac{\Delta I}{I}}$$
>
> $$= \left(\frac{V}{I} + \frac{\Delta V}{I}\right)\left(1 + \frac{\Delta I}{I}\right)^{-1} \doteqdot \left(\frac{V}{I} + \frac{\Delta V}{I}\right)\left(1 - \frac{\Delta I}{I}\right)$$
>
> $$= \frac{V}{I} - \frac{V\Delta I}{I^2} + \frac{\Delta V}{I} - \frac{\Delta V \Delta I}{I^2} \tag{1.3}$$
>
> $\Delta V \Delta I$ の項を省略して，$R = \dfrac{V}{I}$ を使い，最終的に，
>
> $$\Delta R = \frac{1}{I}\Delta V - \frac{V}{I^2}\Delta I \tag{1.4}$$
>
> が得られる．これを**誤差伝搬の法則**（law of error propagation）という．

1.2.2 偏位法，零位法，補償法

偏位法（deflection method）は図 1.3 に示すように指針型の測定器で指針の偏位で目盛を読む測定方法である．

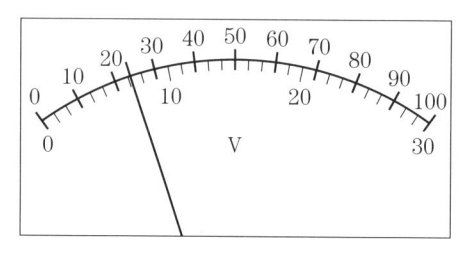

図1.3 偏位法による測定

【例題 1.4】 図1.3の偏位法による測定で，0-100 Vレンジの電圧計で，読みは24 Vであった．フルスケールの誤差を2%（0.02）として，24 Vの誤差を求めよ．
〔解答〕 フルスケールの最大誤差は $0.02 \times 100\,\text{V} = 2\,\text{V}$ である．したがって，24 V の誤差は

$$\frac{2}{24} \times 100 = 8.3\%$$

である．

零位法（zero method, null method）は図1.4(a)に示すように微小な電流を計る．**検流計**（galvanometer）を用いて電池の起電力 V を測定する場合に電圧可変の標準電源 V_S を接続する．いま V_S を変化させて検流計Gに流れる電流を零にすると，検流計の両端の電位差がなくなり，$V = V_S$ となり V が求まる．このような方法を零位法という．図1.4(b)に示すように，天秤でつり合って平衡になるのと同じ原理である．

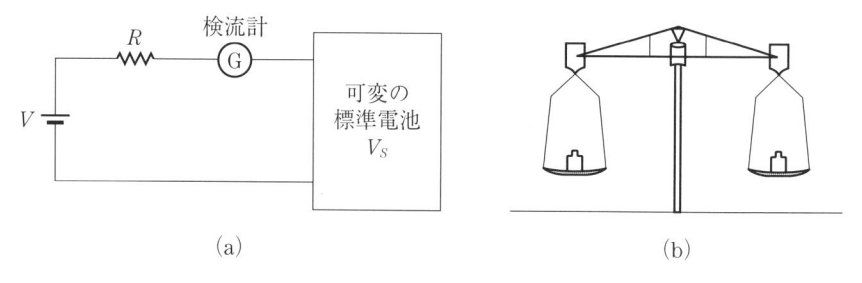

図1.4 零位法による測定

1.2 測定法

補償法(compensation method)は図1.5に示すように**混合器**(mixer)を使って周波数のビート法で標準周波数f_Sから測定周波数fを引き,その差の周波数f_Bを測定する方法である.

このようにf_Bという中間周波数に周波数を下げると増幅が容易になるので,高い周波数の測定が簡単に行えるようになる.

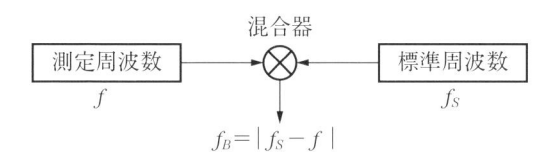

```
測定周波数 ──→ 混合器 ←── 標準周波数
    f           ⊗              f_S
                ↓
           f_B = |f_S − f|
```

図1.5 補償法による測定

【**例題 1.5**】 図1.5の補償法による測定で,測定周波数$f=9970$ MHzであった.中間周波数$f_B=30$ MHzに下げるには標準周波数f_Sをいくらに設定すればよいか.ただし$f_S > f$とする.

〔解答〕 $f_B=|f_S-f|$より,$f_B=30$ MHz,$f=9970$ MHzより,標準周波数f_Sは$f_S=f_B+f=30$ MHz$+9970$ MHz$=10000$ MHzに設定すればよい.

1.2.3 ディジタル測定法とアナログ測定法

ディジタル測定法(digital measurement method)は図1.6に示すように電流,電圧,抵抗値などの直接測定値がそのまま数字で表示される測定法である.

たとえば,グラフ表示の場合$+1.23$ E-5は$+1.23\times 10^{-5}$を意味する.ディジタル測定法の利点と欠点を表1.1にまとめる.

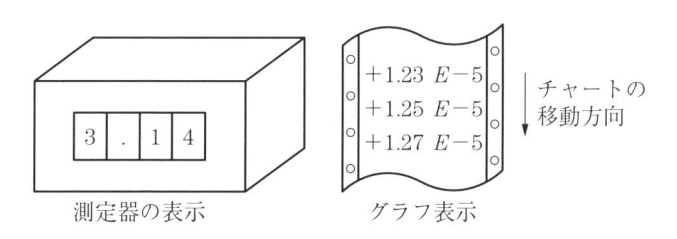

図1.6 ディジタル測定法

表 1.1 ディジタル測定法の利点と欠点

利　　点	欠　　点
読み取り誤差がない．	変化を監視するのが難しい．
高分解能．	一つの数字だけで情報の傾向を知ることが難しい．
正確さを失うことなくディジタル信号を変換し，処理することができる．	不連続動作でしばしば測定値の瞬時の値が記録され情報が失われることがある．

アナログ測定法（analog measurement method）は指針形の計器などで連続した量で表示させる測定法で図 1.7 に示される．

アナログ測定法の利点と欠点を表 1.2 にまとめる．

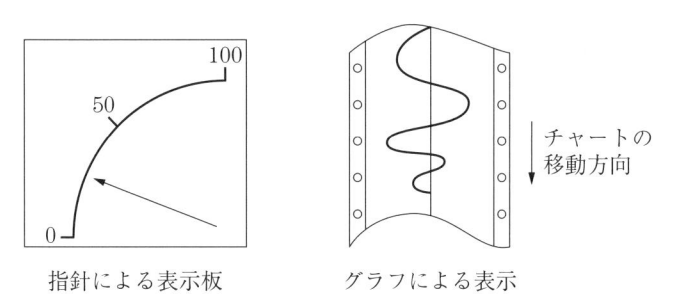

指針による表示板　　　グラフによる表示

図 1.7 アナログ測定法による測定値の表示

表 1.2 アナログ測定法の利点と欠点

利　　点	欠　　点
制御系の装置の計器を監視しやすい．	読み取り誤差がある．
グラフ表示による曲線が過去からの傾向を示す．	アナログ情報を処理，変換するのに精度に限界がある．
アナログ情報の速い処理，変換．	線形性が得られるのが難しい．

1.3　測定誤差

測定誤差（measurement error）は**測定値**（measured value）M と**真の値**（true value）T との差 ε と定義される．

1.3 測定誤差

$$\varepsilon = M - T \tag{1.5}$$

この両辺を T で割って，

$$\frac{\varepsilon}{T} = \frac{M}{T} - 1 \tag{1.6}$$

を**誤差率**，または**相対誤差**（relative error）と呼び，

$$\frac{\varepsilon}{T} \times 100 = \left(\frac{M}{T} - 1\right) \times 100 \quad [\%] \tag{1.7}$$

を**百分率誤差**（percentage error）と呼ぶ．

また，$-\varepsilon$ を使って，

$$-\varepsilon = T - M = \alpha \tag{1.8}$$

とおけば，測定値 M に α を加えれば，

$$M + \alpha = T \tag{1.9}$$

となり，真の値となるので，α を**補正**（correction）と呼び，この式の両辺を M で割って，

$$\frac{\alpha}{M} = \frac{T}{M} - 1 \tag{1.10}$$

を**補正率**（correction factor）と呼ぶ．また，

$$\frac{\alpha}{M} \times 100 = \left(\frac{T}{M} - 1\right) \times 100 \quad [\%] \tag{1.11}$$

を**百分率補正**（percentage correction）と呼ぶ．ε, α が小さいと

$$\frac{\varepsilon}{T} \doteqdot -\frac{\alpha}{M} \tag{1.12}$$

より，誤差率≒−補正率または百分率誤差≒−百分率補正の関係が得られる．

【例題 1.6】 式(1.12) を証明せよ．

〔解答〕 式(1.6) より，$\dfrac{M}{T} = 1 + \dfrac{\varepsilon}{T}$，式(1.10) より，$\dfrac{T}{M} = 1 + \dfrac{\alpha}{M}$，この左辺同士，右辺同士掛けて

$$\frac{M}{T} \cdot \frac{T}{M} = 1 = \left(1 + \frac{\varepsilon}{T}\right)\left(1 + \frac{\alpha}{M}\right) = 1 + \frac{\alpha}{M} + \frac{\varepsilon}{T} + \frac{\varepsilon\alpha}{TM}$$

が得られる．$\varepsilon \alpha$ の項は省略できるから，

$$\frac{\varepsilon}{T} = -\frac{\alpha}{M}$$

が得られる．

1.4　精度に関する定義

誤差の小さい測定を精度の高い測定という．精度は**正確さ**（accuracy）と**精密さ**（precision）を含む．

1.4.1　正　確　さ

真の値 x，測定値の母平均値を $\bar{x}$ としたときに，$\bar{x}-x$ を**かたより**（bias）と呼び，一般に測定の正確さはこのかたよりの大小で表現される．測定値 $x_1, x_2, \cdots, x_n$ に対する真の値 x，平均の値 $\bar{x}$，分布の頻度の関係を図 1.8 に示す．

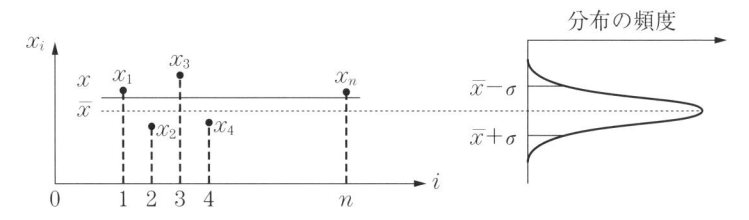

図 1.8　測定値 $x_1, x_2, \cdots, x_n$ に対する真の値 x，平均の値 $\bar{x}$，分布の頻度，標準偏差 σ との関係

この一般の測定の正確さのほかに，測定器の正確さがある．たとえば，正確さ 0.1 % の測定器とは最大誤差，すなわち保証率が 0.1 % であることを意味する．指示計器の全目盛（フルスケール）が 100 V のとき，±0.1 % の正確さということは針の読みが ±0.1 V まではずれることを意味する．このように測定器でどの測定値も 100 V という真の値から ±0.1 V 以上はずれない限度のことを**確度**という．

すなわち，

$$\text{確度} = \text{正確さ} \times \text{全目盛} \tag{1.13}$$

であり，

$$\text{百分率誤差} = \frac{\text{確度}}{\text{目盛の読み}} \times 100\% \tag{1.14}$$

である．

【例題 1.7】 電圧計の全目盛が 100 V である．正確さが 2%（0.02）のときの確度を求めよ．また，このときの電圧の目盛の読みが 40 V であった．百分率誤差を求めよ．

〔解答〕 確度は式(1.13) より $0.02 \times 100 = 2$ V である．百分率誤差は式(1.14) より $\frac{2\,\text{V}}{40\,\text{V}} \times 100 = 5\%$ と求まる．

1.4.2 精密さ

測定結果から図 1.8 の右側のような分布が得られたとき，平均値のまわりの**分散**（variance），**ばらつき**（dispersion）の大小で測定値を評価する．評価は普通**標準偏差**（standard deviation）σ で表す．分散は σ^2 と定義する．ばらつきの小さい測定を精度の良い測定という．

精密さを

$$\text{精密さ} = 1 - \left| \frac{x_i - \bar{x}}{x_i} \right| \tag{1.15}$$

と定義することもある．ここで x_i は i 番目の測定値で $\bar{x}$ は測定値 x_i の平均値である．

【例題 1.8】 ある 100 Ω の抵抗素子を測定したら，$x_1 = 98.3$ Ω，$x_2 = 100.1$ Ω，$x_3 = 100.4$ Ω，$x_4 = 99.5$ Ω，$x_5 = 101.2$ Ω であった．各測定値の精密さを求めよ．

〔解答〕 平均 $\bar{x} = \dfrac{x_1 + x_2 + x_3 + x_4 + x_5}{5}$

$$= \frac{98.3+100.1+100.4+99.5+101.2}{5}$$

$$= \frac{499.5}{5} = 99.9\,\Omega$$

したがって，式(1.15)より，各抵抗値の精密さは
$$x_1=0.984,\ x_2=0.998,\ x_3=0.995,\ x_4=0.996,\ x_5=0.987$$
が得られる．

x_2 が一番精密さが良い．すなわち，抵抗値 $x_2=100.1\,\Omega$ が一番平均値 $\bar{x}=99.9\,\Omega$ に近い．

1.5 測定誤差の原因

測定誤差には大別して**個人誤差**（human errors），**系統誤差**（system errors）と**ランダム誤差**（random errors）がある．

（1）個人誤差
測定者の手違い，操作ミスなどにより生じる測定者固有のくせによる誤差で，アナログ測定の際に生じる．

（2）系統誤差
（a）**測定器の誤差**（equipment errors）
計測装置自体に起因する誤差
（b）**環境誤差**（environmental errors）
実験を行う環境による周囲の温度，湿度，電界，磁界などの変化によって生じる誤差．

（3）ランダム誤差
測定の際に生じるわずかな変化で，原因が不明か，または熱雑音のように原因がわかっていても人為的に取り除けない，まったくランダムな現象によって生じる誤差．

1.6 測定データと測定誤差の統計的処理

（1） 平均値（average, mean value）

測定値 $x_1, x_2, \cdots, x_n$ の平均値 $\bar{x}$ は

$$\bar{x} = \frac{x_1 + x_2 + \cdots + x_n}{n} = \frac{\sum_{i=1}^{n} x_i}{n} \tag{1.16}$$

と定義する．

（2） 偏差の平均値（average value of the deviation）

測定値 $x_1, x_2, \cdots, x_n$ の平均値 $\bar{x}$，平均値からのずれを $y_1, y_2, \cdots, y_n$ としたとき，

$$\left.\begin{array}{l} y_1 = \bar{x} - x_1 \\ y_2 = \bar{x} - x_2 \\ \quad\vdots \\ y_n = \bar{x} - x_n \end{array}\right\} \tag{1.17}$$

と定義する．ここで偏差の平均値 D は

$$D = \frac{|y_1| + |y_2| + \cdots + |y_n|}{n} = \frac{\sum_{i=1}^{n} |\bar{x} - x_i|}{n} \tag{1.18}$$

と定義する．

（3） 分散（variance）

分散 V は式(1.17)の平均値からのずれ $y_1, y_2, \cdots, y_n$ を用いて，

$$V = \frac{y_1^2 + y_2^2 + \cdots + y_n^2}{n-1} = \frac{\sum_{i=1}^{n} (\bar{x} - x_i)^2}{n-1} \tag{1.19}$$

と定義できる．

（4） 標準偏差（standard deviation）

標準偏差 σ は

$$\sigma = \sqrt{V} = \sqrt{\frac{y_1^2 + y_2^2 + \cdots + y_n^2}{n-1}} = \sqrt{\frac{\sum_{i=1}^{n} (\bar{x} - x_i)^2}{n-1}} \tag{1.20}$$

と定義できる．

ここで，式(1.19)の分散，式(1.20)の標準偏差はnでなく，$n-1$で割っていることに注意を要する．すなわち，分散，標準偏差を求める測定値のn個の値が完全に独立ではなく，$n-1$個のデータと式(1.16)の平均で求まるからである．いいかえると，自由度が$n-1$であるからである．式(1.19)，(1.20)でnが20より大きいときは，nと$n-1$の差はない．

【例題 1.9】 ある100Ωの抵抗素子を測定したら，99.4Ω，99.6Ω，100.2Ω，99.8Ω，100.1Ωが得られた．平均値，偏差の平均値，分散，標準偏差を求めよ．

〔解答〕 平均値は式(1.16)より

$$\bar{x} = \frac{99.4 + 99.6 + 100.2 + 99.8 + 100.0}{5} = 99.8\,\Omega,$$

偏差の平均値は式(1.18)より

$$D = \frac{|99.4-99.8| + |99.6-99.8| + |100.2-99.8| + |99.8-99.8| + |100.1-99.8|}{5}$$

$$= \frac{0.4 + 0.2 + 0.4 + 0 + 0.3}{5}$$

$$= 0.26$$

分散は式(1.19)より $V = \dfrac{0.4^2 + 0.2^2 + 0.4^2 + 0^2 + 0.3^2}{5-1} = 0.11$

標準偏差は式(1.20)より

$$\sigma = \sqrt{\frac{0.4^2 + 0.2^2 + 0.4^2 + 0^2 + 0.3^2}{5-1}}$$

$$= \sqrt{\frac{0.45}{4}} = 0.34$$

と求まる

---

(5) **ガウス分布** (Gaussian distribution)

ランダムな誤差の発生確率密度は図1.9に示すガウス分布に従う．ここで，σは標準偏差で，rは**確率誤差**(probable error)で測定値のうちの半分は0.675

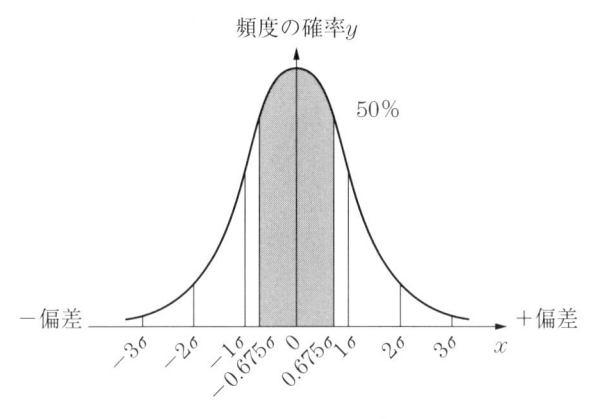

1.6 測定データと測定誤差の統計的処理

図 1.9 ガウス分布

より大きい誤差が生じ，残りの半分にはこれより小さい誤差が生じる．

図 1.9 に示すように，偏差 $r=\pm 0.675\,\sigma, \pm 1\,\sigma, \pm 2\,\sigma, \pm 3\,\sigma$ 内に誤差の含まれる割合は以下の通りである．

$\pm 0.675\,\sigma$	50%
$\pm 1\,\sigma$	68.2%
$\pm 2\,\sigma$	95.4%
$\pm 3\,\sigma$	99.7%

このように偏差が大きくなればばらつきが大きくなり，誤差が大きくなる．

ガウス分布または**誤差曲線**は一般に次のように書ける．

$$y = \frac{h}{\sqrt{\pi}}\,e^{-h^2 x^2} \tag{1.21}$$

ここで h は定数である．

分散 σ^2 は

$$\begin{aligned}\sigma^2 &= \int_{-\infty}^{\infty} x^2 \cdot \frac{h}{\sqrt{\pi}}\,e^{-h^2 x^2}\cdot dx = \frac{2h}{\sqrt{\pi}}\int_0^{\infty} x^2 e^{-h^2 x^2}\,dx \\ &= \frac{2h}{\sqrt{\pi}}\int_0^{\infty} x\cdot\left(-\frac{1}{2h^2}\,e^{-h^2 x^2}\right)'dx\end{aligned}$$

$$= \left[-\frac{1}{\sqrt{\pi}\,h} \frac{x}{e^{h^2 x^2}} \right]_0^\infty + \frac{1}{\sqrt{\pi}\,h} \int_0^\infty e^{-h^2 x^2} dx \tag{1.22}$$

と計算できる．式(1.22) の最後の式の第 1 項の $x=\infty$ における値は不定形の極限値を求める公式より

$$\lim_{x \to \infty} \frac{x}{e^{h^2 x^2}} = \lim_{x \to \infty} \frac{\dfrac{d}{dx} x}{\dfrac{d}{dx}(e^{h^2 x^2})} = \lim_{x \to \infty} \frac{1}{2h^2 x e^{h^2 x^2}} = \frac{1}{\infty} = 0 \tag{1.23}$$

となる．また第 2 項は

$$\int_0^\infty e^{-h^2 x^2} dx = \frac{\sqrt{\pi}}{2h} \tag{1.24}$$

と計算できる．したがって，式(1.22) は

$$\sigma^2 = \frac{1}{2h^2} \tag{1.25}$$

となり，これより

$$h = \frac{1}{\sqrt{2}} \frac{1}{\sigma} \tag{1.26}$$

となるから，式(1.26) を (1.21) に代入して，

$$y = \frac{1}{\sqrt{2\pi}\,\sigma} e^{-\frac{1}{2}\left(\frac{x}{\sigma}\right)^2} \tag{1.27}$$

が得られる．これは平均値 $\bar{x}=0$ の**正規分布**（normal distribution）であるが，平均値 $\bar{x}$ とそのまわりの測定値 x を考慮すると，

$$y = \frac{1}{\sqrt{2\pi}\,\sigma} e^{-\frac{1}{2}\left(\frac{x-\bar{x}}{\sigma}\right)^2} \tag{1.28}$$

が得られる．

いま，確率 $y=\dfrac{1}{2}$ （50%）となる $x=r$ は式(1.27) より

$$\frac{1}{2} = 2\int_0^r \frac{1}{\sqrt{2\pi}\,\sigma} e^{-\frac{1}{2}\left(\frac{x}{\sigma}\right)^2} dx \tag{1.29}$$

を計算すればよい．

$$t = \frac{1}{\sqrt{2}} \frac{x}{\sigma} \tag{1.30}$$

と置き換えれば，式(1.29) は

$$\frac{1}{2} = \frac{2}{\sqrt{\pi}} \int_0^{\frac{1}{\sqrt{2}} \frac{r}{\sigma}} e^{-t^2} dt \tag{1.31}$$

となる．式(1.31) の右辺は**誤差関数**（error function）で erf(z) と表示することもある．

$$\mathrm{erf}(z) = \frac{2}{\sqrt{\pi}} \int_0^z e^{-t^2} dt \tag{1.32}$$

誤差関数は数表が与えられており，たとえば式(1.31) で $\frac{r}{\sigma} = 0.675$ のとき，左辺の値は $\frac{1}{2}$（50％）となる．これは図1.9 に示してある．

1.7　最小二乗法

最小二乗法（method of least squares）には前項 1.2.1 の直接測定法と間接測定法の2通りがある．まずはじめに直接測定法の場合を考える．

いまお互いに相関のないランダムな誤差，$\varepsilon_1, \varepsilon_2, \cdots, \varepsilon_n$ が ε_1 と $\varepsilon_1 + d\varepsilon_1$，$\varepsilon_2$ と $\varepsilon_2 + d\varepsilon_2, \cdots, \varepsilon_n$ と $\varepsilon_n + d\varepsilon_n$ の間に入る確率を $P_1, P_2, \cdots, P_n$ とすると，式(1.21) より

$$\left. \begin{array}{l} P_1 = \dfrac{h}{\sqrt{\pi}} e^{-h^2 \varepsilon_1^2} d\varepsilon_1 \\[6pt] P_2 = \dfrac{h}{\sqrt{\pi}} e^{-h^2 \varepsilon_2^2} d\varepsilon_2 \\[6pt] \qquad \vdots \\[6pt] P_n = \dfrac{h}{\sqrt{\pi}} e^{-h^2 \varepsilon_n^2} d\varepsilon_n \end{array} \right\} \tag{1.33}$$

が得られる．これらが同時に起こる確率 P は

$$P = P_1 \times P_2 \cdots \times P_n \tag{1.34}$$

であるから，

$$P = \left(\frac{h}{\sqrt{\pi}}\right)^n e^{-h^2(\varepsilon_1^2+\varepsilon_2^2+\cdots+\varepsilon_n^2)} d\varepsilon_1 d\varepsilon_2 \cdots d\varepsilon_n \tag{1.35}$$

が得られる．同時に起こるという確率は式(1.35)の確率が最大になればよい．すなわち，

$$\varepsilon_1^2 + \varepsilon_2^2 + \cdots + \varepsilon_n^2 = \text{最小} \tag{1.36}$$

とすればよい．

$\varepsilon_1, \varepsilon_2, \cdots, \varepsilon_n$ に対応する測定値をそれぞれ $x_1, x_2, \cdots, x_n$ として，真の値を T とすれば，式(1.36)より

$$(x_1-T)^2 + (x_2-T)^2 + \cdots + (x_n-T)^2 = \text{最小} \tag{1.37}$$

にすればよい．式(1.37)の最小値を得るために T に関して微分して 0 とすると，

$$T = \frac{x_1+x_2+\cdots+x_n}{n} = \frac{\sum_{i=1}^{n} x_i}{n} \tag{1.38}$$

が得られる．この T を**最確値**（most probable value）という．

次に間接測定法の場合の最小二乗法を考える．いま未知量を a, b とすると，x, y を測定して次の結果が得られたとする．すなわち，

$$y = ax + b \tag{1.39}$$

の関係があるとすると，n 回測定して，

$$\left.\begin{array}{l} y_1 = ax_1 + b \\ y_2 = ax_2 + b \\ \quad\vdots \\ y_n = ax_n + b \end{array}\right\} \tag{1.40}$$

が得られる．この場合，式(1.36)と同様にして，

$$(y_1 - ax_1 - b)^2 + (y_2 - ax_2 - b)^2 + \cdots + (y_n - ax_n - b)^2 = \text{最小} \tag{1.41}$$

にすればよい．いま a に関して偏微分して 0 とおく．

$$\begin{aligned} 2(y_1 - ax_1 - b)(-x_1) + 2(y_2 - ax_2 - b)(-x_2) + \cdots \\ + 2(y_n - ax_n - b)(-x_n) = 0 \end{aligned} \tag{1.42}$$

これを整理して，

$$a(x_1^2+x_2^2+\cdots+x_n^2)+b(x_1+x_2+\cdots+x_n)$$
$$=x_1y_1+x_2y_2+\cdots+x_ny_n \tag{1.43}$$

となる．したがって，

$$a\left(\sum_{i=1}^{n}x_i^2\right)+b\left(\sum_{i=1}^{n}x_i\right)=\sum_{i=1}^{n}x_iy_i \tag{1.44}$$

が得られる．同様に式(1.41)を b に関して偏微分して0とおき整理すると，

$$a\left(\sum_{i=1}^{n}x_i\right)+nb=\sum_{i=1}^{n}y_i \tag{1.45}$$

が得られる．最終的に，

$$\left.\begin{array}{l}a\left(\sum_{i=1}^{n}x_i^2\right)+b\left(\sum_{i=1}^{n}x_i\right)=\sum_{i=1}^{n}x_iy_i \\ a\left(\sum_{i=1}^{n}x_i\right)+nb=\sum_{i=1}^{n}y_i\end{array}\right\} \tag{1.46}$$

の連立方程式を求めて，a, b の値が次のように得られる．

$$\left.\begin{array}{l}a=\dfrac{n\left(\sum_{i=1}^{n}x_iy_i\right)-\left(\sum_{i=1}^{n}x_i\right)\left(\sum_{i=1}^{n}y_i\right)}{n\left(\sum_{i=1}^{n}x_i^2\right)-\left(\sum_{i=1}^{n}x_i\right)^2} \\ b=\dfrac{\left(\sum_{i=1}^{n}x_i^2\right)\left(\sum_{i=1}^{n}y_i\right)-\left(\sum_{i=1}^{n}x_iy_i\right)\left(\sum_{i=1}^{n}x_i\right)}{n\left(\sum_{i=1}^{n}x_i^2\right)-\left(\sum_{i=1}^{n}x_i\right)^2}\end{array}\right\} \tag{1.47}$$

【例題 1.10】 ある材料を測定したら温度 x〔°C〕と電圧 y〔V〕で以下の結果が得られた．最小二乗法で $y=ax+b$ とおいて，a と b を求めよ．

n	x〔°C〕	y〔V〕
1	10	2.34
2	20	3.06
3	30	4.23
4	40	6.51
5	50	8.03

[**解答**] 以下が得られる．

n	x	y	x^2	y^2	xy
1	10	2.34	100	5.48	23.4
2	20	3.06	400	9.36	61.2
3	30	4.23	900	17.89	126.9
4	40	6.51	1600	42.38	260.4
5	50	8.03	2500	64.48	401.5
合計	150	24.17	5500	139.59	873.4

式(1.47) より

$$a = \frac{5(873.4) - (150)(24.17)}{5(5500) - (150)^2} = \frac{741.5}{5000} = 0.1483$$

$$b = \frac{(5500)(24.17) - (873.4)(150)}{5(5500) - (150)^2} = \frac{1925}{5000} = 0.3850$$

が得られる．したがって，$y = 0.1483x + 0.3850$ が求める解である．

以下最小二乗法による回帰方程式 $y = ax + b$ のC言語によるプログラムと例題1.10の結果を示す．（防衛大学校・石井誠四郎先生提供）

```
 1:/* 最小二乗法による回帰方程式の計算     */
 2:/* 回帰方程式 y = ax + b              */
 3:
 4:#include <stdio.h>
 5:#include <math.h>
 6:
 7:void main(void)
 8:{
 9:    double  x[1000], y[1000], sx, sy, sxx, syy, sxy, a, b;
10:    int     n, i, j;
11:    printf("¥データ(x,y)の入力数 n ( 2<=n<=1000 ) = ");
12:    scanf(" %d", &n);                        /* データ個数の入力     */
13:    printf("¥n****  %d個のデータを入力(x Tab y) ****¥n",n);
14:    printf("    n¥t x¥t y¥n");               /* データ入力、xとyの   */
15:    for(i=0; i<n; i++){                      /*     区切りはTabキー  */
16:        printf("    %d¥t", i+1);
17:        scanf(" %lf %lf", &x[i],&y[i]);      /* データの入力         */
18:    }
19:    printf("¥n¥n****  入力データ  *******************¥n");
20:    printf("    n       x          y¥n");    /* 入力データの表示     */
21:    for(i=0;i<n;i++){
22:        printf("%4d %10.2lf %10.2lf ¥n", i+1, x[i], y[i]);
23:    }
24:    printf("¥n¥n****   計算結果   *******************¥n");
25:    printf("    n       x         y         x^2        y^2       xy¥n");
26:    sx = sy = sxy = sxx = syy = 0;
```

1.7 最小二乗法

```
27:      for(i=0; i<n; i++) {                              /* 入力毎の計算と表示 */
28:         printf("%4d %10.2lf %10.2f %10.2lf %10.2lf %10.2lf\n",
29:                 i+1, x[i], y[i], x[i]*x[i], y[i]*y[i], x[i]*y[i]);
30:         sx  += x[i];                                   /* sx ( x の合計) 計算 */
31:         sy  += y[i];                                   /* sy ( y の合計) 計算 */
32:         sxx += x[i] * x[i];                            /* sxx(x^2の合計) 計算 */
33:         syy += y[i] * y[i];                            /* syy(y^2の合計) 計算 */
34:         sxy += x[i] * y[i];                            /* sxy(x*yの合計) 計算 */
35:      }
36:      printf("合計 %10.2lf %10.2lf %10.2lf %10.2lf %10.2lf\n",
37:              sx, sy, sxx, syy, sxy);                   /* 合計の表示       */
38:      a = ( n*sxy - sx*sy ) / (n*sxx - sx*sx);          /* 係数の計算       */
39:      b = (sxx*sy - sxy*sx) / (n*sxx - sx*sx);
40:                                                        /* 回帰方程式の表示 */
41:      printf("\n回帰方程式 y = ax + b\n  a= %10.4lf\n  b= %10.4lf\n", a, b);
42:
43:
44:      return;
45: }
```

```
C:\Documents and Settings\ishii\Fitting_Line_V2.exe

データ(x,y)の入力数 n ( 2<=n<=1000 ) = 5

****  5個のデータを入力 (x Tab y) ****
   n    x      y
   1    10     2.34
   2    20     3.06
   3    30     4.23
   4    40     6.51
   5    50     8.03


****   入力データ    ********************
   n      x           y
   1    10.00       2.34
   2    20.00       3.06
   3    30.00       4.23
   4    40.00       6.51
   5    50.00       8.03


****   計算結果      ********************
   n      x         y         x^2        y^2         xy
   1    10.00      2.34      100.00      5.48       23.40
   2    20.00      3.06      400.00      9.36       61.20
   3    30.00      4.23      900.00     17.89      126.90
   4    40.00      6.51     1600.00     42.38      260.40
   5    50.00      8.03     2500.00     64.48      401.50
合計    150.00     24.17    5500.00    139.59      873.40

回帰方程式 y = ax + b
  a=    0.1483
  b=    0.3850
```

1.8 有効数字

 計測では測定をいかに正確に行うかと同様に測定データの意味ある数字，すなわち**有効数字**（significant figure）が重要な役割を果たす．たとえば誤差が，±0.03 A含まれる電流計で正確に測定して3.1415 Aが得られたとしても3.1 Aの2桁しか意味がない．すなわち，この場合の有効数字は3.1である．3.1以下の値は誤差±0.03に埋もれてしまう．

 たとえば1.23と書けば，これは1.22でもなく，また1.24でもない．すなわち，実際の値は1.22と1.24の間にあることを意味する．したがって，誤差を考慮して書けば1.23±0.005となる．ここで3.14と2.718の和，差，積，商の四則演算をして有効数字の求め方を示す．

1. 和　$3.14+2.718 = 3.14 \pm 0.005 + 2.718 \pm 0.0005$
$$= 3.14 + 2.718 \pm (0.005 + 0.0005) = 5.858 \pm 0.0055$$

 この場合，小数点以下2桁しか意味がないから四捨五入して5.86が有効数字である．

2. 差　$3.14-2.718 = 3.14 \pm 0.005 - (2.718 \pm 0.0005) = 0.422 \pm 0.0055$

 この場合も小数点以下2桁しか意味がないから四捨五入して0.42が有効数字である．ここで注意しなければならないことは，誤差の差のとき0.005 $-0.0005=0.0045$としてはいけない．いつも誤差の最悪の場合を考慮して$\pm 0.005 - (\pm 0.0005) = \pm 0.0055$とする．

3. 積　$3.14 \times 2.718 = (3.14 \pm 0.005) \times (2.718 \pm 0.0005)$
$$= 3.14\left(1 \pm \frac{0.005}{3.14}\right) \times 2.718\left(1 \pm \frac{0.0005}{2.718}\right)$$
$$\fallingdotseq 3.14(1 \pm 0.002) \times 2.718(1 \pm 0.0002)$$
$$\fallingdotseq 8.53452(1 \pm 0.002)$$

 この場合，小数点以下2桁しか意味がないから四捨五入して8.53が有効数字である．

4. 商　$\dfrac{3.14}{2.718} = \dfrac{3.14 \pm 0.005}{2.718 \pm 0.0005} \fallingdotseq \dfrac{3.14(1 \pm 0.002)}{2.718(1 \pm 0.0002)}$
$$\fallingdotseq 1.15526(1 \pm 0.002)$$

1.8 有効数字

この場合も小数点以下 2 桁しか意味がないから四捨五入して 1.16 が有効数字である．

この例のように四捨五入して有効数字だけにまとめあげる操作を**丸め**（rounding up）という．**四捨五入**のほかに**四捨六入**がある．この例を示す．

12.34 → 12.3 （丸めるべき数が 5 未満である場合は切捨てる）
12.35 → 12.4 （丸めるべき数が 5 のとき，その 1 桁上の数が奇数ならば繰上げる）
12.45 → 12.4 （丸めるべき数が 5 のとき，その 1 桁上の数が偶数ならば切捨てる）
12.46 → 12.5 （丸めるべき数が 5 を超える場合は切上げる）

四捨五入でいつも 5 を切上げると，その切上げた結果の和を取ると大きすぎる数になることがある．四捨六入の場合，5 の 1 桁上の数が奇数，偶数の出現する確率はほぼ等しいからこの例のように四捨六入で丸めた後，和を取っても大きすぎる数になることはない．

【例題 1.11】　（a）3.3366　（b）3.4399　（c）3.35　（d）3.45 を小数点以下 1 桁まで四捨五入と四捨六入で求めよ．
〔解答〕　四捨五入では（a）3.3　（b）3.4　（c）3.4　（d）3.5
　　　　　四捨六入では（a）3.3　（b）3.4　（c）3.4　（d）3.4

【例題 1.12】　次を計算せよ．

(a)　　13.03±0.04　　　　(b)　　13.03±0.04
　　＋）6.21±0.01　　　　　　－）6.21±0.01

(c)　　60±5%　　　　　　(d)　　60±5%
　　＋）50±2%　　　　　　　　－）50±2%

〔解答〕（a）19.24±0.05　（b）6.82±0.05
（c）110±4　または　110±3.6%　（d）10±4　または　10±40%

【例題 1.13】 次を計算せよ．

(a) $\begin{array}{r} 10\pm0.1 \\ \times)\ 5\pm0.2 \\ \hline \end{array}$

(b) $\dfrac{10\pm0.1}{5\pm0.2}$

(c) $\begin{array}{r} 100\pm10\% \\ \times)\ 50\pm2.0\% \\ \hline \end{array}$

(d) $\dfrac{100\pm10\%}{50\pm2.0\%}$

〔解答〕 （a） 最悪の大きい誤差 $10.1\times5.2=52.5$，また $10\times5=50$ なので誤差の範囲はこの二つの差を取り $52.5-50=2.5$ となる．したがって求める答は 50 ± 2.5 となる．

（b） 分母は最小誤差 4.8，分子は最大誤差 10.1，したがって，$\dfrac{10.1}{4.8}$ $=2.1$ となる．また $\dfrac{10}{5}=2$ なので誤差の範囲はこの二つの差を取り $2.1-2.0=0.1$ となる．したがって求める答は 2.0 ± 0.1 となる．

（c） $5000\pm12.2\%$

（d） $2.0\pm12\%$

1.9　デシベル表示

電圧，電流，電力の値を知るとき，その絶対値の値よりも相対的な値を知りたい場合がある．たとえば，ある回路の入力電力，P_{in} と出力電力 P_{out} の比をとるような場合である．この場合 P_{out}/P_{in} を**電力利得**（power gain）という．この電力利得は

$$G = 10 \log_{10}\left(\frac{P_{out}}{P_{in}}\right) \ [\text{dB}] \tag{1.48}$$

のように書き**デシベル**（dB；decibel）の記号で表現する．式(1.48)の例として，

$\dfrac{P_{out}}{P_{in}} = 1.26$ のとき　1 dB

$\dfrac{P_{out}}{P_{in}} = 2$　　のとき　3 dB

1.9 デシベル表示

$$\frac{P_{\text{out}}}{P_{\text{in}}} = 10 \quad \text{のとき} \quad 10\,\text{dB}$$

である．いま，図 1.10 のように各回路の入力と出力の電力をそれぞれ $P_{\text{in}}, P_1, P_2, P_3, P_{\text{out}}$ とすると，

$$\frac{P_{\text{out}}}{P_{\text{in}}} = \frac{P_1}{P_{\text{in}}} \times \frac{P_2}{P_1} \times \frac{P_3}{P_2} \times \frac{P_{\text{out}}}{P_3} \tag{1.49}$$

となる．

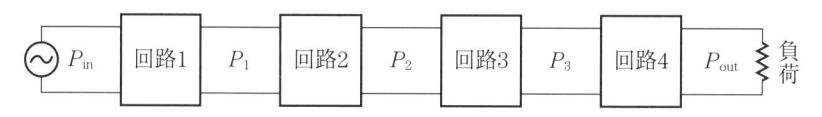

図 1.10 各回路の入力と出力の電力

デシベルではそれぞれの和となる．たとえば，回路 1, 2, 3, 4 での電力利得がそれぞれ 1 dB, 2 dB, 3 dB, 4 dB なら全電力利得はその和 $1+2+3+4 = 10$ dB と計算できる．さらにデシベルを使うと数が大きくならない便利さがある．

電圧利得（voltage gain）の場合は，図 1.11 に示すように入力電圧 V_{in}，入力抵抗 R_{in}，出力電圧 V_{out}，負荷抵抗 R_L とすれば $R_{\text{in}} = R_L$ のとき，

$$\begin{aligned}
G &= 10 \log_{10}\left(\frac{P_{\text{out}}}{P_{\text{in}}}\right) \\
&= 10 \log_{10}\left(\frac{V_{\text{out}}^2}{R_L} \times \frac{R_{\text{in}}}{V_{\text{in}}^2}\right) = 20 \log_{10}\left(\frac{V_{\text{out}}}{V_{\text{in}}}\right)
\end{aligned} \tag{1.50}$$

と書ける．

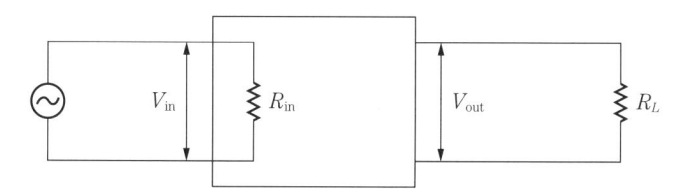

図 1.11 入力電圧 V_{in}，入力抵抗 R_{in}，出力電圧 V_{out}，負荷抵抗 R_L との関係

しかし，普通，入力抵抗，負荷抵抗が等しかろうが，等しくなかろうが電圧

利得 G_V は

$$G_V = 20 \log_{10}\left(\frac{V_\text{out}}{V_\text{in}}\right)$$

と定義する．いま，電力利得と電圧利得との関係を図 1.12 に示す．

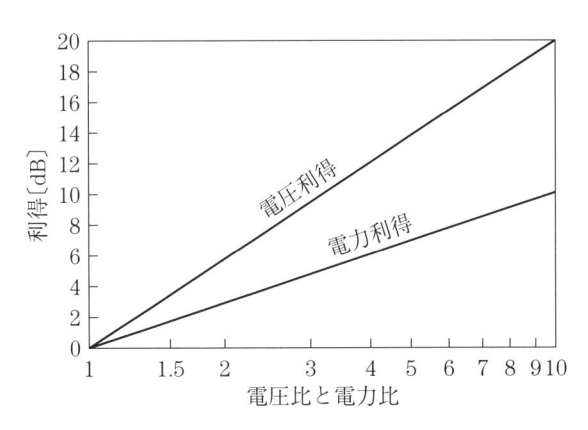

図 1.12 電力利得と電圧利得

電力 P〔mW〕の場合，1 mW（$=10^{-3}$ W）を基準として，$10 \log_{10} P$〔dBm〕と表示する．すなわち，

$$1 \text{ mW} \rightarrow 10 \log_{10} 1 = 0 \text{ dBm}$$
$$10 \text{ mW} \rightarrow 10 \log_{10} 10 = 10 \text{ dBm}$$
$$100 \text{ mW} \rightarrow 10 \log_{10} 100 = 20 \text{ dBm}$$

である．電圧計で目盛がデシベル表示されているとき，0 dBm は 0.775 V に相当する．これは初期の電話システムで線路の基準インピーダンスとして 600 Ω をとり，ここで消費される電力は $0.775^2/600 = 1$ mW であることに由来している．

【例題 1.14】 図 1.11 において，$R_L = 20$ Ω，電力利得 35 dB，電圧利得 45 dB である．$V_\text{in}, V_\text{out}, R_\text{in}$ を求めよ．ただし出力電力を 30 W とする．

〔解答〕 入力電力を P_in とすると，

$$35 = 10 \log_{10}\left(\frac{30}{P_\text{in}}\right) \text{ より，} P_\text{in} = 9.5 \text{ mW}.$$

また

$$45 = 20\log_{10}\left(\frac{V_\text{out}}{V_\text{in}}\right) \quad \text{と} \quad 30 = \frac{V_\text{out}^2}{R_L} = \frac{V_\text{out}^2}{20}$$

より，$V_\text{out} = 24\,\text{V}$，$V_\text{in} = 0.14\,\text{V}$ である．

入力電力 $P_\text{in} = 9.5\,\text{mW}$ より，$P_\text{in} = \dfrac{V_\text{in}^2}{R_\text{in}}$ より，

$R_\text{in} = 2.1\,\Omega$ と求まる．

【ネーパー（Neper）】

dB の代りに**ネーパー**（Neper）を用いることがある．電力利得 G_P と電圧利得 G_V は以下のように定義する．

$$G_P = 0.5\log_e\left(\frac{P_\text{out}}{P_\text{in}}\right)\,[\text{Np}] = 0.5\ln\left(\frac{P_\text{out}}{P_\text{in}}\right)\,[\text{Np}]$$

$$G_V = \log_e\left(\frac{V_\text{out}}{V_\text{in}}\right)\,[\text{Np}] = \ln\left(\frac{V_\text{out}}{V_\text{in}}\right)\,[\text{Np}]$$

ここで，$e = 2.718281\cdots$ である．

1 Np = 8.686 dB　または　1 dB = 0.1151 Np である．

【第1章のまとめ】

1. 計測は三つの原則からなる．
2. 測定には必ず誤差を伴う．
3. 測定データは有効数字で表す．

練 習 問 題

〔問題1.1〕電子の電荷は $Q = 1.6 \times 10^{-19}\,\text{C}$，質量は $m = 9.1 \times 10^{-31}\,\text{kg}$ である．式 (1.2) のクーロン力 F_C と重力 $F_G = G\dfrac{m^2}{r^2}$ の比を求めよ．ただし重力定数 $G = 6.67 \times 10^{-11}\,\text{N·m}^2/\text{kg}^2$ である．

〔問題1.2〕式(1.4) より最大絶対誤差 ΔR を求めよ．ただし，$V = 100\,\text{V}$，$\Delta V = 0.5\,\text{V}$，$I = 20\,\text{A}$，$\Delta I = 0.1\,\text{A}$ とする．

〔問題 1.3〕 図 1.3 において，0–30 V レンジの電圧計で，針の指示電圧値を読み取れ．また，フルスケールの誤差を 2% として，その電圧値の誤差を求めよ．

〔問題 1.4〕 測定周波数が 9375 MHz である．これを 60 MHz の中間周波数に落とすにはどうすればよいか．

〔問題 1.5〕 あるコイルのインダクタンスを測定したら $x_1=10.2$ mH，$x_2=9.5$ mH，$x_3=8.9$ mH，$x_4=10.4$ mH であった．各測定値の精密さを求めよ．

〔問題 1.6〕 個人誤差の原因とその対策の一例を挙げよ．

〔問題 1.7〕 系統誤差について，測定器の誤差の原因とその対策の一例を挙げよ．

〔問題 1.8〕 環境誤差の原因とその対策の一例を挙げよ．

〔問題 1.9〕 ランダム誤差の原因とその対策の一例を挙げよ．

〔問題 1.10〕 問題 1.5 における，偏差の平均値，分散，標準偏差を求めよ．

〔問題 1.11〕 ある実験で温度（°C）と電圧（V）との測定値が以下の通りであった．

温度（°C）	−200	−100	−30	10	50	100	180
電圧（V）	−3.84	−2.77	−1.03	−0.43	1.06	2.36	3.41

温度 x〔°C〕，電圧 y〔V〕として，最小二乗法で $y=ax+b$ として，a と b の値を求めよ．

〔問題 1.12〕 下表に示すデータは，温度 t〔°C〕のときの銅の電気抵抗 $R(t)$〔Ω〕の測定値である．最小二乗法を用いて $R(t)$ の実験式 $R(t)=R(0)(1+\alpha t)$ を求めよ．

t〔°C〕	20	30	40	50	60
$R(t)$〔Ω〕	7.21	7.42	7.83	8.02	8.33

〔問題 1.13〕 x を測定して $y=ae^{bx}$ を得た．未知数 a,b を最小二乗法で求めよ．

〔問題 1.14〕 x を測定して $y=ax^b$ を得た．未知数 a,b を最小二乗法で求めよ．

〔問題 1.15〕 雨の降雨量 R〔mm/hr〕による電波の減衰量 A〔dB/km〕は $A=aR^b$ と書ける．a と b は定数である．周波数 10 GHz での A と R との実験値は以下の通りである．最小二乗法により定数 a,b を決定せよ．

R〔mm/hr〕	1	10	20	50	100
A〔dB/km〕	0.00996	0.177	0.421	1.32	3.15

〔問題 1.16〕 3.25，2.770，20.1250 の和を求めて，四捨五入，四捨六入の丸め操作をして有効数を求めよ．

〔**問題 1.17**〕 12.24±0.02 と 3.45±0.01 の足し算，引き算，かけ算，割り算の結果を求めよ．

〔**問題 1.18**〕 15.34±20% と 10.21±10% の足し算，引き算，かけ算，割り算の結果を求めよ．

〔**問題 1.19**〕 500 mW は何 dBm か．

〔**問題 1.20**〕 1 Np＝8.686 dB を証明せよ．

■ 2 雑　　音

　計測における雑音とは，計測しようとする物理量以外の，計測の際に混入したり，妨害したりする物理量である．

　計測では**雑音**（noise）をなくすことは不可能である．もし雑音が存在しなければ，どんな信号でも検出することができる．しかし，測定器自身の本来の雑音である**内部雑音**（internal noise），外部の電磁界のゆらぎの影響などによる**外部雑音**（external noise）が存在し，測定に不確定性を残す．雑音に埋もれた**信号**（signal）の検出度向上を図るために，雑音をできるだけ小さくすることが電気電子計測で重要である．

　まず初めに内部雑音の一種である**熱雑音**(thermal noise)，**ショット雑音**(shot noise)，**フリッカ雑音**（flicker noise），または**1/f 雑音**について述べ，次にそれら雑音の統計的処理について述べる．

2.1　熱　雑　音

　熱雑音はこの雑音を研究した人の名を取って，**ジョンソン雑音**（Johnson noise）または**ナイキスト雑音**（Nyquist noise）ともいう．

　これは電流を運ぶ荷電粒子が，不規則な熱運動をすることによって生じる雑音である．通常，導体内あるいは抵抗体内では，電流に関与するキャリア（電子または正孔）が，印加電圧がないときは，自由に熱運動をしている．このキャリアの動きにより，抵抗体の両端では，微少な電圧あるいは電流ゆらぎが生じるわけである．これが熱雑音である．

　絶対温度 T〔K〕で抵抗 R〔Ω〕に生じる 2 乗平均の雑音電圧は

$$\overline{e^2}=4kTRB \tag{2.1}$$

で与えられる．ここで k は**ボルツマン定数**（Boltzmann constant）で，$k=1.38\times10^{-23}$ J/K である．B〔Hz〕は雑音の周波数バンド幅である．

　ここで絶対温度 T〔K〕は

2.1 熱雑音

$$T[\text{K}] = 273 + ℃$$
$$= 273 + \frac{5}{9}(°F - 32) \tag{2.2}$$

である．℃は摂氏で°Fは華氏である．

雑音電流の2乗平均を $\overline{i^2}$ で表せば，

$$\overline{i^2} = \frac{\overline{e^2}}{R^2} = 4kT\frac{B}{R} \tag{2.3}$$

となる．すなわち，図2.1に示すように，その等価回路は雑音起電力 $\overline{e^2}$ を回路中の抵抗 R に直列につないだもので表せる．

いま図2.1の回路に図2.2のように受信機を接続し，その入力インピーダンスを Z とすると，Z で消費される雑音電力 P は

$$P = \frac{\overline{e^2}}{(R+Z)^2}Z \tag{2.4}$$

と書ける．この P の最大値は式(2.4)を変形して

$$P = \frac{\overline{e^2}}{4R}\left\{1 - \left(\frac{R-Z}{R+Z}\right)^2\right\} \tag{2.5}$$

が得られるから，$R=Z$ で最大雑音電力が得られる．このように，抵抗 R が受信機の入力インピーダンス Z と等しくなった場合を**整合**（matching）といい，このときの最大雑音電力を N_i で表せば，$Z=R$ を式(2.4)に代入して

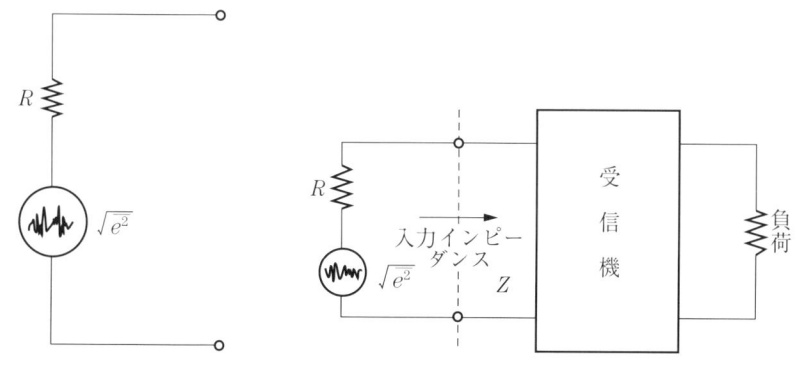

図 2.1 雑音起電力と抵抗　　　図 2.2 受信機に入る雑音電圧

$$N_i = \frac{\overline{e^2}}{4R} = kTB \tag{2.6}$$

が得られる．N_i は**有能入力雑音電力**（available input noise power）ともいう．有能とはこの例のように $R=Z$ で整合が取れた場合の最大電力を意味している．式(2.6)からわかるように，N_i は抵抗値 R とは無関係で，温度 T と周波数バンド幅 B にのみ依存する．

【例題 2.1】 式(2.4)を Z で微分して，$Z=R$ で最大値が得られることを示せ．

〔解答〕 $\dfrac{dP}{dZ} = \overline{e^2}\dfrac{R-Z}{(R+Z)^3} = 0$ で $R=Z$ が得られる．

また $\left(\dfrac{d^2P}{dZ^2}\right)_{Z=R} = -\dfrac{\overline{e^2}}{8R^3} < 0$ である．

この両式より，$Z=R$ で最大値 $P = \dfrac{\overline{e^2}}{4R}$ が得られる．

2.2 ショット雑音

これは**散弾雑音**ともいい，印加電界による荷電粒子の変動（ドリフト）に基づいて生じる雑音である．たとえば，真空管中で，電子が陰極からランダムな時間間隔で放出されると，その電子は陽極にランダムに到達し，**ショット雑音**（shot noise）と呼ばれるランダム雑音電流が生じる．真空管ばかりではなく，トランジスタまたは p–n 接合ダイオードでも生じる．つまり，電位障壁を越える電子または正孔のキャリアの移動は，ちょうど真空管内でのメカニズムと同様に考えることができるので，ショット雑音が生じる．

いまある温度でダイオードに生じる雑音電流の 2 乗平均は

$$\overline{i^2} = 2qIB \tag{2.7}$$

と書ける．ここで q は電子の電荷で $q = 1.6 \times 10^{-19}$ C，I は平均電流，B は雑音バンド幅である．

2.3 フリッカ雑音

この**フリッカ雑音**（flicker noise）は**過剰雑音**とも呼ばれる．この雑音の電力スペクトル（パワースペクトル）は周波数に反比例して大きさが変わる．つまり，この雑音の特徴は低周波域で大きな雑音電力を生じることである．いま周波数を f [Hz] とすると，雑音の大きさを示す**パワースペクトル密度**（power spectrum density）は $1/f^{\alpha}$ に比例する．普通，この雑音は $\alpha=1$ に近いので $1/f$ 雑音とも呼ばれる．金属，半導体などの抵抗体，トランジスタ等の半導体デバイス，原子発振器，水晶発振器，**超伝導干渉素子**（SQUID；<u>s</u>uperconducting <u>q</u>uantum <u>i</u>nterference <u>d</u>evice）でも観測されている．

このパワースペクトルを通して雑音のゆらぎの世界を調べると，代表的なゆらぎとして，そのフーリエ周波数依存性が

（1） $1/f^0$ 型ホワイト雑音（白色雑音）
（2） $1/f$ 型フリッカ雑音（ピンク雑音）
（3） $1/f^2$ 型ランダム・ウォーク（酔歩）
（4） ローレンツ型スペクトル

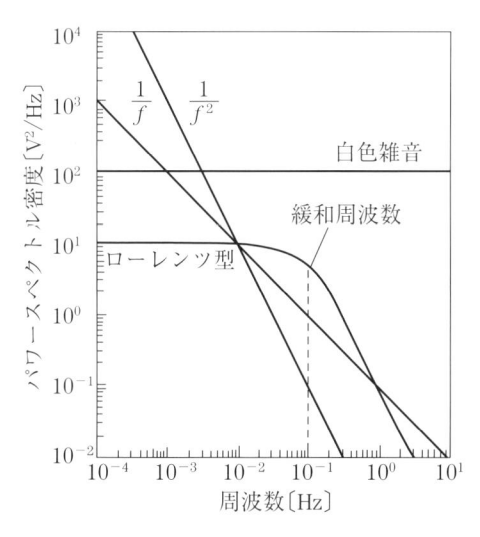

図 2.3 パワースペクトル密度の周波数依存性

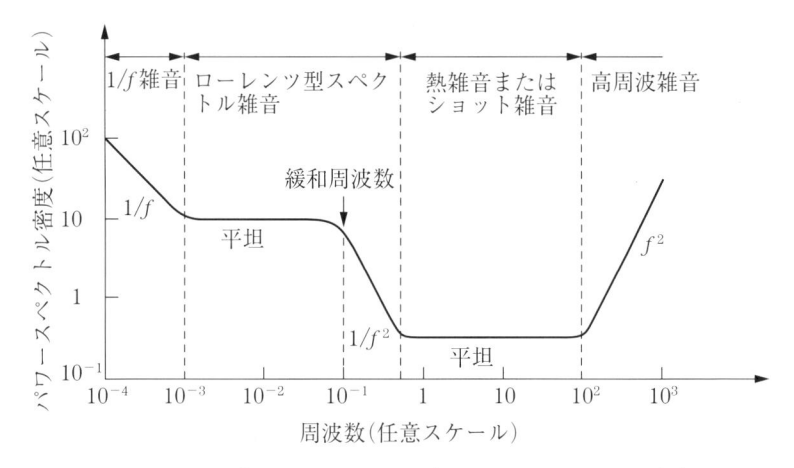

図 2.4 電界効果トランジスタの雑音パワースペクトル密度

と分類される．この関係図を図 2.3 に示す．なお，この章の初めで述べた熱雑音，ショット雑音は（1）のホワイト雑音である．（4）のローレンツ型スペクトルで -3 dB の f を**緩和周波数**（relaxation frequency）という．

一例として**電界効果トランジスタ**（FET；field effect transistor）の雑音パワースペクトル密度を図 2.4 に示す．

図 2.4 に示すように，低周波で $1/f$ 雑音が発生し，次にローレンツ型スペクトル雑音が生じる．この雑音は電荷の生成-再結合雑音で，始めは平坦で次に $1/f^2$ 雑音となる．生成-再結合の緩和時間に相当する緩和周波数が観測される．次にこの章の初めに述べた熱雑音またはショット雑音が発生し，これは白色雑音で平坦である．最後に高周波雑音である f^2 雑音が生じる．

2.4 信号対雑音比（SN 比）

信号電力 P_s と雑音電力 P_n との比，または信号電圧 V_s と雑音電圧 V_n との比を**信号対雑音比**（signal to noise ratio；SN 比）といい，第 1 章の 1.10 節で述べたデシベル〔dB〕を使い次のように定義する．

$$S/N = 10 \log_{10} \frac{P_s}{P_n} = 20 \log_{10} \frac{V_s}{V_n} \text{〔dB〕} \qquad (2.8)$$

このSN比が大きいほど雑音が抑圧され，信号の検出度が良くなる．

【例題2.2】 信号電力 $P_s=250$ mW，雑音電力 $P_n=10$ mWのときの S/N を求めよ．

〔解答〕 信号電力 $P_s=250$ mW，雑音電力 $P_n=10$ mWのときの信号電力と雑音電力の比 $P_s/P_n=25$ 倍は式(2.8)より，SN比として，14 dBとなる．

2.5 雑音指数

電気電子計測では，たとえば**増幅器**（amplifier），**変換器**（transducer），**受信機**（receiver）などの入力でのSN比（S_i/N_i）と出力でのSN比（S_o/N_o）の比を**雑音指数**（noise figure）F と定義する．図2.5の受信機を考える．このとき雑音指数 F は次のように書ける．

$$F = \frac{S_i/N_i}{S_o/N_o} \tag{2.9}$$

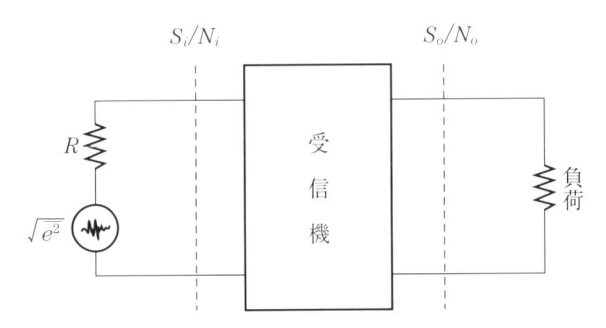

図2.5 受信機の入力と出力のSN比，$S_i N_i$ と $S_o N_o$

すなわち，雑音指数は受信機内での雑音が増える割合で，受信機内での雑音が多いほど出力でのSN比 S_o/N_o が低下する．理想的な場合は $F=1(0\,\text{dB})$ である．

いま**有能利得**（available gain）を

$$G = \frac{S_o}{S_i} \tag{2.10}$$

と定義して，この式(2.10) と (2.6) の有能入力雑音電力 N_i を式(2.9) に代入して，

$$F = \frac{N_o}{kTBG} \tag{2.11}$$

とも書ける．

次に受信機の代りに利得 G の増幅器を考える．入力信号 S_i，入力雑音 N_i，出力信号 S_o，出力雑音 N_o，増幅器内部で発生する雑音 ΔN を図 2.6 に示す．

入力信号 S_i　　　　　　　出力信号 $S_o = S_i \times G$

G倍

入力雑音 N_i　　　　　　　出力雑音 $N_o = N_i \times G + \Delta N$

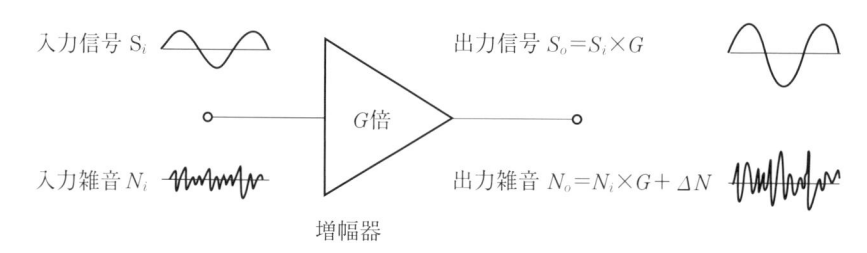

増幅器

図 2.6 増幅器の信号と雑音

図 2.6 で出力雑音 N_o には増幅器内部で発生する雑音 ΔN を加えて，

$$N_o = N_i \times G + \Delta N \tag{2.12}$$

と書ける．式(2.6) の N_i を (2.12) に代入して

$$N_o = kTBG + \Delta N \tag{2.13}$$

となる．式 (2.13) を (2.11) に代入して，雑音指数 F は

$$F = \frac{kTBG + \Delta N}{kTBG} = 1 + \frac{\Delta N}{kTBG} \tag{2.14}$$

と書ける．式(2.14) から ΔN は

$$\Delta N = (F-1)kTBG \tag{2.15}$$

とも書ける．

次に雑音指数 F_1，利得 G_1，周波数バンド幅 B の増幅器と，雑音指数 F_2，利得 G_2，周波数バンド幅 B の増幅器を2段接続した場合を考える．これを図 2.7 に示す．

図 2.7 で第1段の増幅器の出力雑音を N_o' とすると，式(2.11) より

2.5 雑音指数

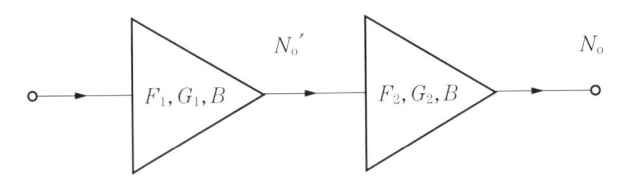

図 2.7 増幅器の 2 段接続

$$F_1 = \frac{N_o'}{kTBG_1} \tag{2.16}$$

または

$$N_o' = kTBF_1G_1 \tag{2.17}$$

と書ける.

　第 2 段の増幅器の出力雑音を N_o とすると,

$$N_o = N_o'G_2 + \Delta N_2 \tag{2.18}$$

となる. ここで ΔN_2 は第 2 段の増幅器内部で発生する雑音で, 式(2.15) より,

$$\Delta N_2 = (F_2 - 1)kTBG_2 \tag{2.19}$$

と書ける. 式(2.17), (2.19) を式(2.18) に代入して,

$$N_o = kTBF_1G_1G_2 + (F_2 - 1)kTBG_2 \tag{2.20}$$

と書ける. ところで増幅器を 2 段接続したとき, 式(2.11) の定義より,

$$F_o = \frac{N_o}{kTBG_1G_2} \tag{2.21}$$

または,

$$N_o = kTBF_oG_1G_2 \tag{2.22}$$

となる. 式(2.22) を (2.20) に代入して, 両辺を $kTBG_1G_2$ で割ると,

$$F_o = F_1 + \frac{F_2 - 1}{G_1} \tag{2.23}$$

が得られる. 増幅器を N 段接続すれば,

$$F_o = F_1 + \frac{F_2 - 1}{G_1} + \frac{F_3 - 1}{G_1G_2} + \cdots + \frac{F_N - 1}{G_1G_2\cdots G_{N-1}} \tag{2.24}$$

となる. 1 段目の増幅器で発生する雑音がすべて N 段目までの増幅器を通過するので, 式(2.24) の雑音指数はほぼ 1 段目の増幅器の雑音に大きく依存する.

【例題2.3】 増幅器の入力信号 $S_i=10$ mW, 入力雑音 $N_i=1$ mW, 増幅器の電力利得 $G=13$ dB, 増幅器内部で発生する雑音 $\Delta N=3$ mW としたときの雑音指数を求めよ.

〔解答〕 電力利得 $G=13$ dB は式(1.48)より20倍であるから, 図2.6 より, $S_o=S_i \times G=10 \times 20$ mW $=200$ mW, $N_o=N_i \times G+\Delta N=1 \times 20+3=23$ mW, $\dfrac{S_i}{N_i}=\dfrac{10}{1}=10$, $\dfrac{S_o}{N_o}=\dfrac{200}{23}=8.7$ となる. 式(2.9)より $F=1.15$ が得られる.

【第2章のまとめ】
1. 計測には妨害する雑音が存在する.
2. 雑音のゆらぎはパワースペクトル密度で表せる.
3. 信号対雑音比（SN比）を向上させる必要がある.

練習問題

〔問題2.1〕 式(2.2) より, 室温290 K は摂氏何℃か, また華氏何°Fか.

〔問題2.2〕 式(2.1) より, 室温 $T=290$ K, $R=1$ kΩ, $B=1$ MHz のとき熱雑音 $\sqrt{e^2}$ を求めよ.

〔問題2.3〕 式(2.4) を求めよ.

〔問題2.4〕 式(2.4) で最大値を求めるのに $a+b \geq 2\sqrt{ab}$ の相加, 相乗平均を使って求めよ.

〔問題2.5〕 式(2.7) より $I=10\,\mu$A, $B=100$ kHz のとき, 雑音電流 $\sqrt{i^2}$ を求めよ.

〔問題2.6〕 図2.3のローレンツ型スペクトルで, 10^{-2} Hz までパワースペクトル密度は 10^1 で平坦である. この値が -3 dB 低下する 10^{-1} Hz における緩和周波数のパワースペクトル密度を求めよ.

〔問題2.7〕 式(2.8) より, 信号電圧 13.6 mV, 雑音電圧 2.4 mV のとき, S/N を求めよ.

〔問題2.8〕 式(2.11) より, $F=3$, $T=290$ K, $B=1$ MHz, $N_o=100$ mW のとき, 有能利得 G を求めよ.

〔**問題 2.9**〕 雑音指数 $F=3$，増幅器の入力信号 $S_i=50\,\mathrm{mW}$，入力雑音 $N_i=20\,\mathrm{mW}$，増幅器の電力利得 $G=28\,\mathrm{dB}$ である．増幅器内部で発生する雑音電力 ΔN を求めよ．

〔**問題 2.10**〕 増幅器を3段接続したときの雑音指数 F_o が2.5であった．$F_1=1.5$, $F_2=2$, $G_1=2$, $G_2=2.5$ である．F_3 を求めよ．

■3 測定と標準

3.1 SI単位と標準

　第1章で述べたように，電気・電子計測においては単位系の確立は重要である．ある物理量を測定して実験データが得られたとき，基本量に関する単位を統一する必要がある．たとえば，日本では昔は尺貫法で，長さを尺（1尺＝0.303 m），重さを貫（1貫＝3.75 kg）で表していた．英国においてもニュートンの時代，長さの単位はロンドン・インチ（1ロンドン・インチ＝0.3048 m），重さの単位はトロイ・オンス（1トロイ・オンス＝31.1 g）が使われていた．このように各国で違った単位を使っている限り不便である．そこで単位を世界的に統一するために，「à tous les peuples, à tous les temps」（すべての人に，すべての時代に）をモットーにして，1875年（明治8年）**メートル条約**（convention du mètre）が締結された．日本がこの条約に加盟したのは10年後の1885年（明治18年）であった．

　この機関の**国際度量衡総会**（CGPM：Conférence General des Poids et Mesures）は1960年の第11回総会で「メートル条約に加盟しているすべての国が採用しうる実用的な単位系」として，**国際単位系**（SI；Système International d'Unités）を定めた．**基本単位**（base unit, fundamental unit）としては表3.1の7個を定めた．

　さらに**補助単位**（supplementary unit）としては表3.2の2個を定めた．
　表3.1のSI基本単位と，表3.2のSI補助単位から多くの単位が組み立てられる．これを**組立単位**（derived unit）と呼ぶ．表3.3に電気単位系のSI組立単位をまとめる．

　表3.3からわかるように，電気単位系のSI組立単位はすべてm, kg, s, Aから成り立っている．この電気単位系のマップ（map）を図3.1に示す．

　このように長さ〔m〕，質量〔kg〕，時間〔s〕，電流〔A〕で電気単位系はす

表 3.1 SI 基本単位

量	名称	記号
長さ	メートル	m
質量	キログラム	kg
時間	秒	s
電流	アンペア	A
温度	ケルビン	K
物質量	モル	mol
光度	カンデラ	cd

表 3.2 SI 補助単位

量	名称	記号
平面角	ラジアン	rad
立体角	ステラジアン	sr

表 3.3 電気単位系の SI 組立単位

量		名称	記号	次元
周波数	f	ヘルツ	Hz (1/s)	s^{-1}
電力	P	ワット	W (J/s)	$m^2 kg s^{-3}$
電荷, 電気量	Q	クーロン	C (A·s)	sA
起電力, 電圧	V	ボルト	V (J/C, W/A)	$m^2 kg s^{-3} A^{-1}$
電界の強さ	E	ボルト毎メートル	V/m	$m kg s^{-3} A^{-1}$
電気抵抗	R	オーム	Ω (V/A)	$m^2 kg s^{-3} A^{-2}$
コンダクタンス	G	ジーメンス	S (Ω^{-1}, A/V)	$m^{-2} kg^{-1} s^3 A^2$
静電容量	C	ファラッド	F (C/V)	$m^{-2} kg^{-1} s^4 A^2$
磁束	Φ	ウェーバ	Wb (V·s)	$m^2 kg s^{-2} A^{-1}$
磁界の強さ	H	アンペア毎メートル	A/m	$m^{-1} A$
電束密度	D	クーロン毎平方メートル	C/m^2	$m^{-2} sA$
磁束密度	B	テスラ	T (Wb/m^2)	$kg s^{-2} A^{-1}$
インダクタンス	L	ヘンリー	H (Wb/A, V·s/A)	$m^2 kg s^{-2} A^{-2}$
誘電率	ε	ファラッド毎メートル	F/m	$m^{-3} kg^{-1} s^4 A^2$
透磁率	μ	ヘンリー毎メートル	H/m	$m kg s^{-2} A^{-2}$

べて組み立てられるので，これらの基本単位を正確に定義することが重要である．以下その定義について述べる．

【長さ】（1983 年改正）：

長さの単位の名称であるメートル〔m〕はギリシャ語で測定を意味する．メートルは 1 秒の 299 792 458 分の 1 の間に光が真空中を伝わる行程に等しいと定義する．すなわち光速は $c = 299\,792\,458$ m/s である．メートルの精度は 10^{-10} である．

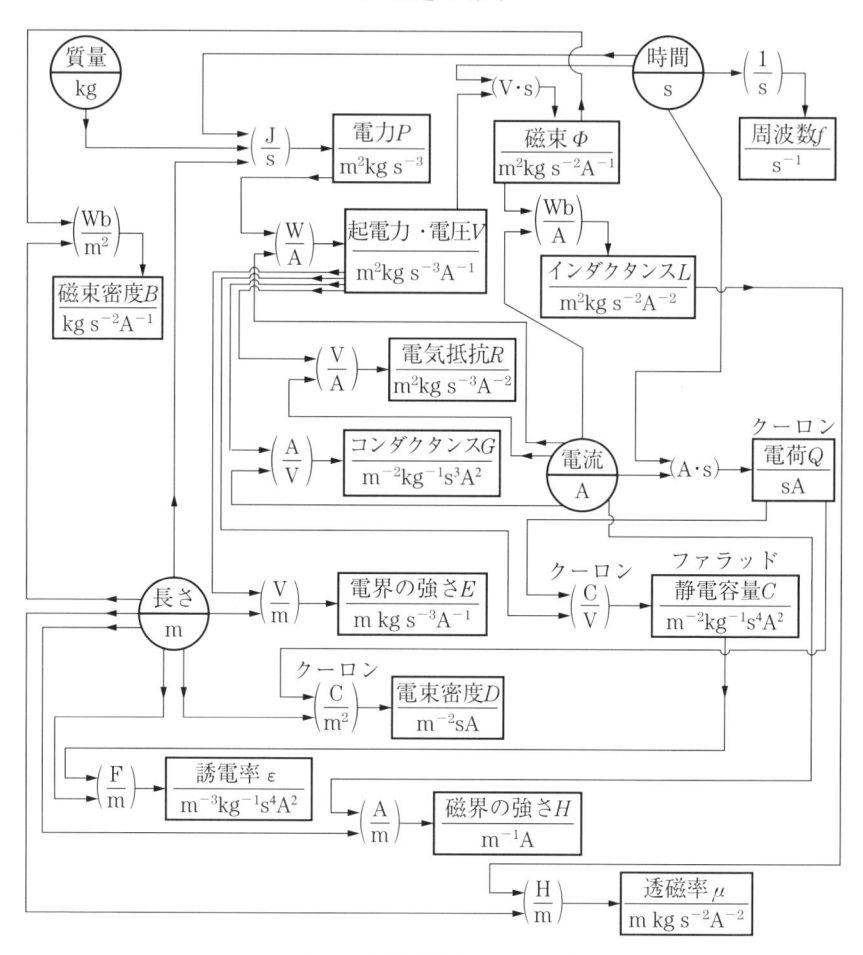

図 3.1 電気単位系のマップ

【質量】（1889 年定義）：

質量の単位の名称であるキログラム〔kg〕のグラムはギリシャ語でわずかな重さを意味する．キログラムは図 3.2 の写真に示すように，フランス・セーブルにある国際度量衡局（Bureau International des Poids et Mesures）に保管されている国際キログラム原器の質量である．精度は $10^{-8} \sim 10^{-9}$ である．

3.1 SI 単位と標準　　　　　　　　　　　　　　　　　　　**41**

図 3.2 国際キログラム原器
（写真は独立行政法人産業技術総合研究所提供）

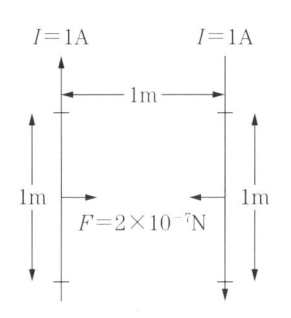

図 3.3 2 本の直線状導体に及ぼす力

【時間】（1967 年改正）：
　時間の単位は秒〔s〕で，秒はセシウム 133 の原子（^{133}Cs）の基底状態の二つの超微細単位の間の遷移に対応する放射の 9 192 631 770 周期の継続時間と定義される．精度は 10^{-13} である．この遷移の電磁波は波長を λ として，

$$\lambda = \frac{299\,792\,458}{9\,192\,631\,770} \fallingdotseq 0.0326\text{ m} = 3.26\text{ cm}$$

すなわち，波長 3.26 cm，周波数 9.2 GHz のマイクロ波である．

【電流】（1948 年改正）：
　電流の単位はアンペア〔A〕で，アンペアは図 3.3 に示すように，真空中に 1 m の間隔で平行に置かれた無限に小さい円形断面積を有する無限に長い 2 本の直線状導体のそれぞれを流れ，これらの導体の長さ 1 メートル〔m〕ごとに 2×10^{-7} ニュートン〔N〕の力を及ぼし合う一定電流と定義される．精度は 10^{-6} である．

図 3.3 では 2 本の直線状導体には単位長あたり

$$F = \frac{\mu_0 I^2}{2\pi r} \tag{3.1}$$

表3.4 SI単位系の倍数,接頭語,記号

倍数	接頭語	記号	10進数
10^{24}	ヨ タ (yotta)	Y	1,000,000,000,000,000,000,000,000
10^{21}	ゼ タ (zetta)	Z	1,000,000,000,000,000,000,000
10^{18}	エクサ (exa)	E	1,000,000,000,000,000,000
10^{15}	ペ タ (peta)	P	1,000,000,000,000,000
10^{12}	テ ラ (tera)	T	1,000,000,000,000
10^{9}	ギ ガ (giga)	G	1,000,000,000
10^{6}	メ ガ (mega)	M	1,000,000
10^{3}	キ ロ (kilo)	k	1,000
10^{2}	ヘクト (hecto)	h	100
10	デ カ (deca)	da	10
10^{-1}	デ シ (deci)	d	0.1
10^{-2}	センチ (centi)	c	0.01
10^{-3}	ミ リ (milli)	m	0.001
10^{-6}	マイクロ (micro)	μ	0.000 001
10^{-9}	ナ ノ (nano)	n	0.000 000 001
10^{-12}	ピ コ (pico)	p	0.000 000 000 001
10^{-15}	フェムト (femto)	f	0.000 000 000 000 001
10^{-18}	ア ト (atto)	a	0.000 000 000 000 000 001
10^{-21}	ゼプト (zepto)	z	0.000 000 000 000 000 00 0001
10^{-24}	ヨクト (yocto)	y	0.000 000 000 000 000 000 000 001

の引力を及ぼし合う.$I=1\,\mathrm{A}$ として,2直線状導体間の距離 $r=1\,\mathrm{m}$ としたときに,単位長あたりの力が $F=2\times10^{-7}\,\mathrm{N}$ である.したがって,式(3.1)から真空の透磁率,$\mu_0=4\pi\times10^{-7}\,\mathrm{NA}^{-2}$ が定義できる.Nの次元は $[\mathrm{mkgs}^{-2}]$ である.

また,SI単位系は表3.4に示すように,倍数,接頭語を用いる.

次にこのSI単位系の倍数と記号を用いた一例として,表3.5に周波数帯域を示す.

【例題3.1】 電力 $P\,[\mathrm{W}]$ の次元が $\mathrm{m}^2\mathrm{kgs}^{-3}$ であることを示せ.

〔解答〕 力=質量×加速度より $F=Ma\,[\mathrm{kg}]\,[\mathrm{m\cdot s^{-2}}]$ と書ける.仕事ジュール〔J〕は〔J〕$=F\cdot$長さ$=[\mathrm{kg}]\,[\mathrm{m\cdot s^{-2}}]\,[\mathrm{m}]=[\mathrm{m^2kgs^{-2}}]$ が得られる.電力 $P\,[\mathrm{W}]=P\,[\mathrm{J/s}]=P\,[\mathrm{J}]\,[\mathrm{s^{-1}}]=P\,[\mathrm{m^2kgs^{-2}}]\,[\mathrm{s^{-1}}]=P\,[\mathrm{m^2kgs^{-3}}]$ が得られる.

3.2 量子電気標準

表 3.5　周波数帯域

周波数	波長	呼称
10kHz	30000m	VLF
30kHz	10000m	LF
300kHz	1000m	MF
3MHz	100m	HF
30MHz	10m	VHF
300MHz	1m	UHF
3GHz	10cm	SHF
30GHz	1cm	EHF
300GHz	1mm	
3THz	0.1mm	遠赤外線
30THz	0.01mm	
300THz	1μm	可視光
3PHz	0.1μm	
30PHz	0.01μm	
300PHz	1nm	
3EHz	0.1nm	X線
30EHz	0.01nm	

10kHz〜300GHz：ラジオ周波数（RF）
300MHz〜300GHz：レーダ周波数／マイクロ波領域

- VLF : Very Low Frequency （ミリアメートル波）
- LF : Low Frequency （キロメートル波）
- MF : Medium Frequency （ヘクトメートル波）
- HF : High Frequency （デカメートル波）
- VHF : Very High Frequency （メートル波）
- UHF : Ultra High Frequency （デシメートル波）
- SHF : Super High Frequency （センチメートル波）
- EHF : Extremely High Frequency （ミリメートル波）
- RF : Radio Frequency

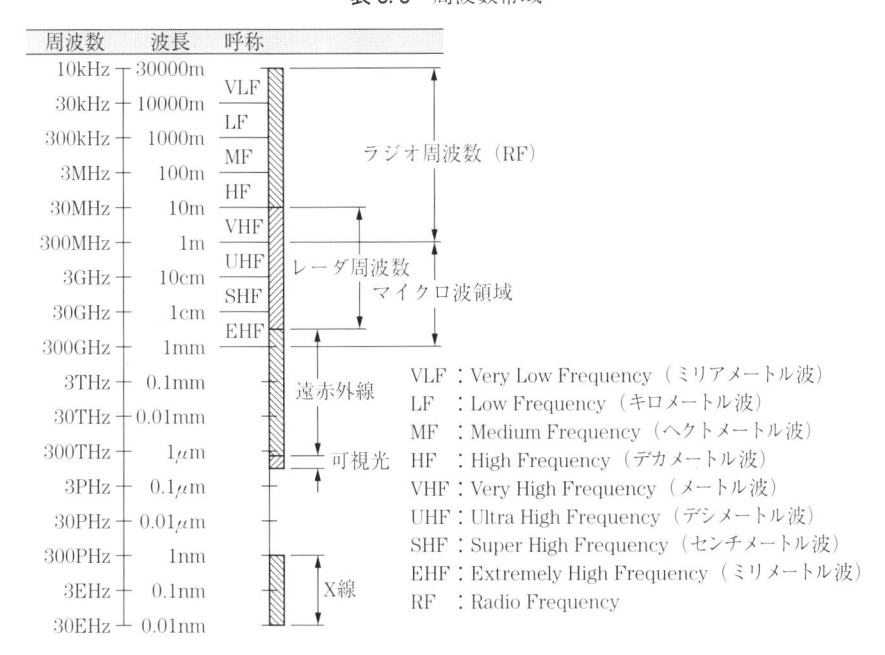

【例題 3.2】 0.02 A を mA に，6500 ns を s に，0.5 MΩ を kΩ に，0.2 THz を MHz に，2.5 pF を μF に変換せよ。

〔解答〕　表 3.4 より，0.02 A = 20 mA，6500 ns = 0.0000065 s，0.5 MΩ = 500 kΩ，0.2 THz = 200000 MHz，2.5 pF = 0.0000025 μF となる。

【例題 3.3】 式(3.1)で真空の透磁率が $\mu_0 = 4\pi \times 10^{-7} \mathrm{NA}^{-2}$，$\mu_0 = 4\pi \times 10^{-7}$ H/m と書ける。NA^{-2} と H/m が次元が同じであることを示せ。

〔解答〕　表 3.3 より，$\mathrm{NA}^{-2} = \mathrm{mkgs}^{-2}\mathrm{A}^{-2}$，$\mathrm{H/m} = \mathrm{m}^2\mathrm{kgs}^{-2}\mathrm{A}^{-2}/\mathrm{m} = \mathrm{mkgs}^{-2}\mathrm{A}^{-2}$ となり，NA^{-2} と H/m は同じ次元になる。

3.2　量子電気標準

人間の影響を受けない再現性があって普遍的な標準として量子標準を採用し

ようとする考えが以前からあった.

1990年1月1日を期して,電圧(ボルト)の実用標準として**ジョセフソン効果**(Josephson effect)が用いられ,電気抵抗(オーム)の実用標準として**量子ホール効果**(quantum Hall effect)が用いられることになった.

(1) 電圧量子標準

1911年オランダのカメリング・オネス(Kamerlingh Onnes)は4.2Kの極低温で水銀の電気抵抗が零になる超伝導現象を発見した.さらに,1962年英国のジョセフソン(Josephson)は図3.4に示すように二つの**超伝導体**(superconductor)間に$1〜2$nm($10〜20$Å)の薄い**絶縁体**(insulator)を挟んだサンドイッチ型トンネル接合に2個の**電子対(クーパー対)**のトンネル超伝導電流が流れる(**直流ジョセフソン効果**)はずであり,さらに接合に電位差Vをかけたときには周波数$f=2qV/h$の交流が流れる(**交流ジョセフソン効果**)はずであると予言した.ここでqは電子の荷電で,$q=1.6\times 10^{-19}$C,hはプランク定数で$h=6.626\times 10^{-34}$J·s である.これらの予言は多くの実験で検証された.

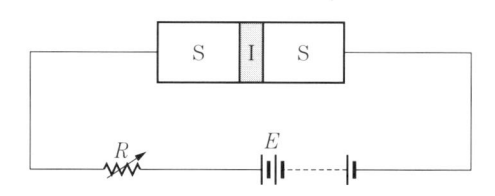

図3.4 トンネル型ジョセフソン素子,
   SはS伝導体でIは絶縁体である

さらに,現在では図3.5の**点接触型ジョセフソン素子**,図3.6の**薄膜マイクロブリッジ型ジョセフソン素子**のように二つの超伝導体を弱く接合した**弱結合型**(week link type)でもジョセフソン効果が観測されている.なお超伝導体としては超伝導になる**臨界温度**(critical temperature)$T_c=9.25$Kのニオブ(Nb),$T_c=7.2$Kの鉛(Pb)がよく用いられる.

図3.7にトンネル型ジョセフソン素子の電圧-電流特性(V-I特性)を示す.零電圧においても有限の直流電流が流れている.臨界電流値I_cを越えると電

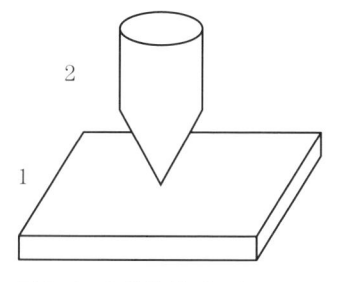

図 3.5 点接触型ジョセフソン素子. 1, 2 は超伝導体である

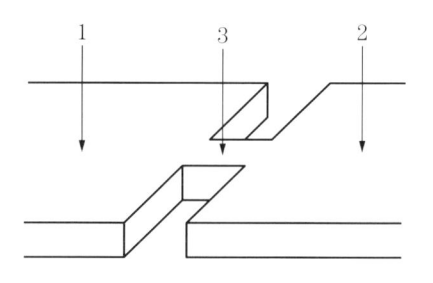

図 3.6 薄膜マイクロブリッジ型ジョセフソン素子. 1, 2, 3 は超伝導体である

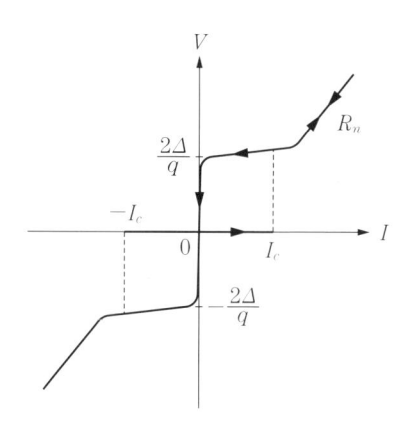

図 3.7 トンネル型ジョセフソン素子の V–I 特性

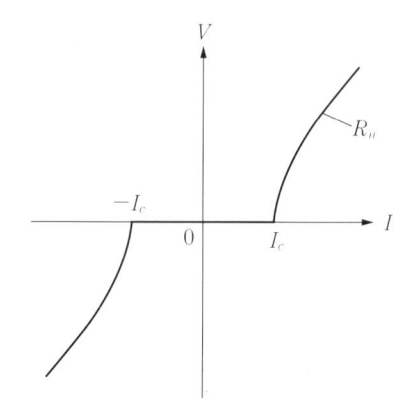

図 3.8 弱結合型ジョセフソン素子の V–I 特性

圧状態へ移り，抵抗 R_n が生じる．この電圧状態から電流を下げていくと，I_c 以下にもどしても電流がほとんど零になるまで電圧は零にもどらない．このように，トンネル型の素子では V–I 特性に大きな**ヒステリシス**（hysteresis）が見える．電圧が $2\Delta/q$ を越えると電流は急に流れる．この Δ をエネルギーギャップといい，Nb で 1.5 meV, Pb で 1.34 meV である．

図 3.8 に点接触型ジョセフソン素子，薄膜マイクロブリッジ型ジョセフソン素子の弱結合型ジョセフソン素子の V–I 特性を示す．トンネル型と違いヒス

テリシスがない．

いま図3.4，3.5，3.6のジョセフソン素子に周波数 f の電磁波を照射すると，図3.7，3.8の V–I 特性の R_n 領域に

$$V = n\frac{h}{2q}f \quad (n = 0, 1, 2, \cdots) \tag{3.2}$$

の階段状の**シャピロ・ステップ**（Shapiro step）が生じる．たとえば，70 GHzでは

$$f = 70 \times 10^9 \text{Hz}$$

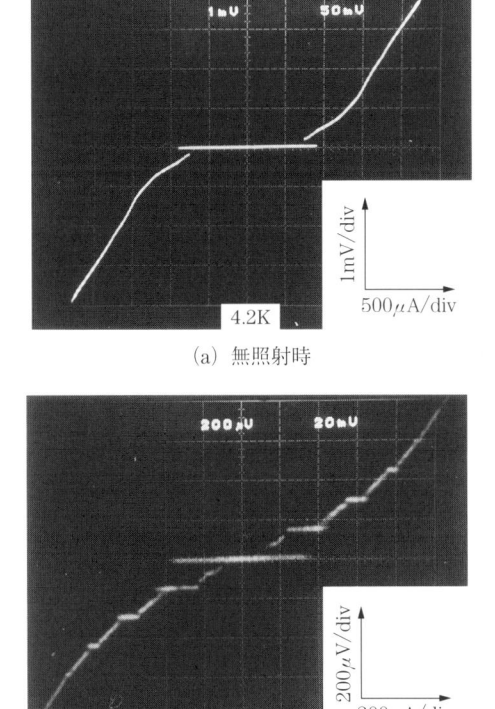

(a) 無照射時

(b) 照射時

図 3.9 弱結合型ジョセフソン素子に 70 GHz の電磁波を照射しないときと照射したときの V–I 特性（防衛大学校・関根松夫研究室提供）

3.2 量子電気標準

$q = 1.6 \times 10^{-19}$ C

$h = 6.63 \times 10^{-34}$ J·s

の値を式(3.2)に代入すると，

$$V = (145 \times n)\mu V \quad (n = 0, 1, 2, \cdots) \tag{3.3}$$

が得られる．**ラングミュアーブロジェット膜**（LB膜）とNbを用いた弱結合型ジョセフソン素子に70 GHzを照射したV-I特性を図3.9に示す．$145\mu V$ごとに4次まで階段状のシャピロ・ステップが観測されているのがわかる．

式(3.2)で周波数fは現在10^{-11}の安定度が得られているので，$h/(2q)$が正確に求まれば高精度の電圧Vが得られて電圧標準となる．**国際度量衡委員会**（CIPM；<u>C</u>omité <u>I</u>nternational des <u>P</u>oids et <u>M</u>esures）とその委員会の下の**電気諮問委員会**（CCE；<u>C</u>omité <u>C</u>onsultatif d'<u>E</u>lectricité）は1990年1月1日以降

$$K_{J-90} = \frac{2q}{h} = 483\,597.9 \text{ GHz/V} \tag{3.4}$$

を採用することを決定した．この値の誤差は0.4 ppm（parts per millionまたは百万分の1），すなわち$\pm 0.4 \times 10^{-6}$である．

次の図3.10に常温でのV-I特性を示す．

図3.9（a）の4.2Kの弱結合型ジョセフソン素子と違う特性を示している．

（2） 抵抗量子標準

抵抗量子標準としては，**量子ホール効果**（QHE；<u>Q</u>uantum <u>H</u>all <u>E</u>ffect）を

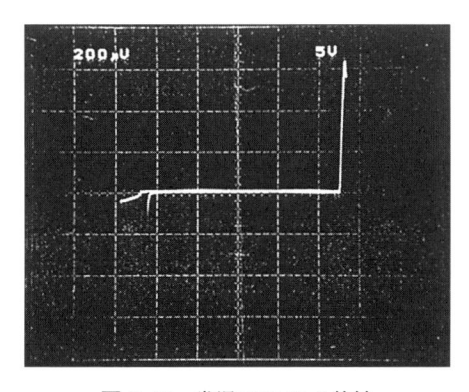

図3.10 常温でのV-I特性

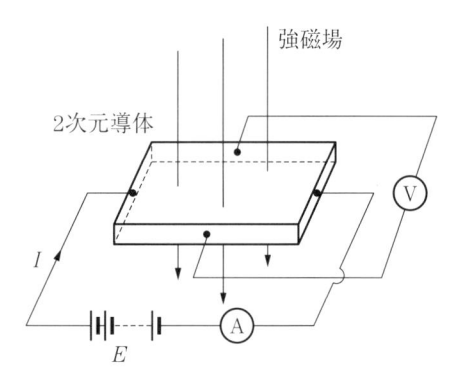

図 3.11 量子ホール効果の実験

使う．図 3.11 に示すように，極低温中の強磁場，たとえば 15 T の中に 2 次元導体を置き，その磁場と直角なある方向に電流を流し，その電流と直交する電圧を測る．

このとき，電圧 V は流している電流 I に比例して，

$$V = \frac{h}{q^2} \cdot \frac{1}{n} \cdot I \quad (n = 1, 2, \cdots) \tag{3.5}$$

と階段状の電圧が得られる．量子ホール抵抗 R_H は

$$R_H = \frac{h}{q^2} \cdot \frac{1}{n} = R_K \cdot \frac{1}{n} \tag{3.6}$$

と定義する．1980 年ドイツのフォン・クリッツィング (von Klitzing) は**金属−酸化物−半導体電界効果トランジスタ**（MOSFET；metal–oxide–semiconductor–field effect transistor）を用いて，15 T の強磁場内で式(3.5) の階段状のステップを観測した．彼はこの業績で 1985 年ノーベル物理学賞を受賞した．CIPM と CCE は 1990 年 1 月 1 日以降，式(3.6) の R_K を抵抗量子標準として，

$$R_{K-90} = \frac{h}{q^2} = 25\,812.805\,\Omega \tag{3.7}$$

を採用することに決定した．この値の誤差は ±0.2 ppm である．

【例題3.4】 式(3.7)で $q = 1.60217653\,(14) \times 10^{-19}$ C, $h = 6.62606876\,(52) \times 10^{-34}$ J·s を用いて，有効数字11桁目を求めよ．

〔解答〕 $R_{K-90} = \dfrac{h}{q^2} = 25812.80537062$ なので12桁目を四捨五入して，

$$R_{K-90} = \dfrac{h}{q^2} = 25812.805371\,\Omega$$

と求まる．

3.3 周波数標準

図3.12は独立行政法人情報通信研究機構のビーム型セシウム原子周波数標準である．セシウムビーム型原子周波数標準は，Cs原子の**エネルギー準位**（F = 4, $m_F = 0$）⇔（F = 3, $m_F = 0$）の間の遷移周波数，9 192 631 770 Hz を周波数基準として用いる．その構成を図3.13に示す．約100℃ に熱せられた Cs原子が，炉からビーム状に噴出する．不平等磁界を作る A 磁石で，ビームはそのエネルギー状態に応じて，図のようにその軌道を曲げられる．次に，Cs原子のエネルギー遷移周波数に同調したマイクロ波空洞共振器に入り，電磁波

図3.12 ビーム型セシウム原子周波数標準器
(写真提供：独立行政法人情報通信研究機構)

の相互作用を受ける．ついで，同じく不平等磁界を作るB磁石に入り，マイクロ波との相互作用を受けた原子は，磁界で軌道を曲げられ，ビーム検出器に入る．検出器は，熱線と捕捉電極からなり，原子は熱線に衝突してイオンとなり，電極に捕捉されイオン電流として検出される．マイクロ波と相互作用を受けなかった原子は，図のような軌道を通り，検出器には入らない．検出されたイオン電流は増幅され，水晶発振器の周波数を変化させるために利用される．水晶発振器の周波数を基準にした**周波数シンセサイザ**（frequency synthesizer）の周波数が，Cs原子の遷移周波数に合致しているときは位相検出器の出力電圧は0である．合致していないときは，シンセサイザの周波数は低周波で変調してあるので，マイクロ波と遷移周波数とのずれがその符号も含めて位相検出器で電圧として検出されて水晶発振器に送られ，発振周波数が遷移周波数に合致するように自動的に周波数調整される．水晶発振器には，2.5，5，10 MHzなどの応用に都合のよい出力周波数端子が設けられているのが普通である．その周波数確度は，±1.1×10^{-13}である．

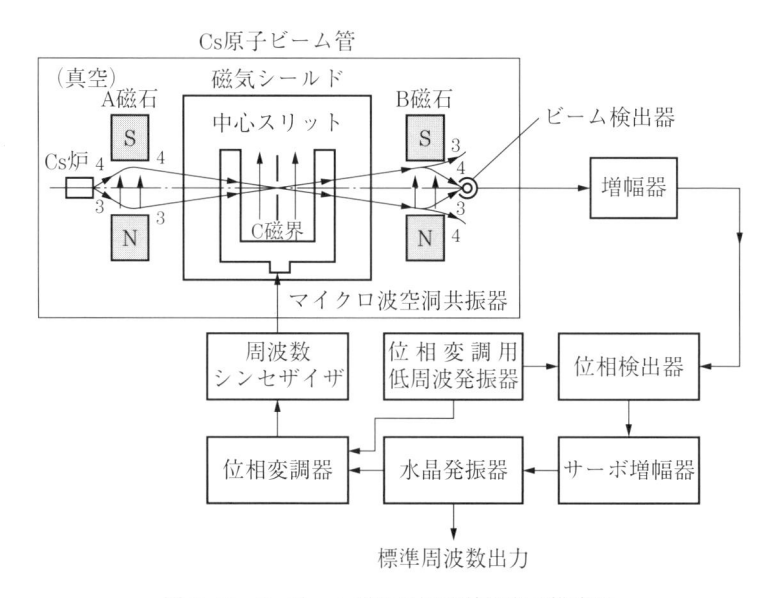

図 3.13 Cs ビーム型原子周波数標準の構成図

【第3章のまとめ】
1. 計測には国際単位系（SI）が用いられる．
2. 抵抗，電圧標準には量子標準が採用されている．
3. 周波数標準には原子周波数標準が採用されている．

練習問題

〔問題3.1〕 人が質量 M〔kg〕のボールを高さ h〔m〕まで持ち上げるのに t 秒〔s〕かかった．この時の仕事率は $\dfrac{Mgh}{t}$ で，この次元が〔W〕になることを示せ．ただし g は重力加速度で $g = 9.8$〔m/s²〕である．

〔問題3.2〕 問題3.1でWが決まれば電圧Vの次元が $m^2 kg s^{-3} A^{-1}$ となることを示せ．

〔問題3.3〕 2,000Ω を kΩ で，200,000,000Ω を MΩ で表せ．

〔問題3.4〕 0.000005 F を μF に，0.00000005 F を nF で表せ．

〔問題3.5〕 0.0002 H を mH で表せ．

〔問題3.6〕 赤外線レーザ波長 433 μm の周波数はいくらか．

〔問題3.7〕 問題3.6の赤外線レーザをジョセフソン素子に照射したところステップが観測された．式(3.2)より電圧の大きさを求めよ．

〔問題3.8〕 問題3.7でステップの数が100観測された．電圧を求めよ．

〔問題3.9〕 量子ホール効果で150階段状の電圧が得られた．抵抗を求めよ．

〔問題3.10〕 セシウム（Cs）ビーム型原子周波数標準の動作原理を説明せよ．

■ 4 アナログ量とディジタル量

4.1 アナログ量の変換

自然界には，温度，気圧，熱電対の起電力のような電圧，電流などの連続した大きさで表される量があり，これらを**アナログ**（analog）**量**と呼んでいる．電気電子計測では，これらのアナログ量を測定しやすいように適当な値に変換するのが普通ある．この節では，これらの変換について述べる．

4.1.1 電圧・電流の変換

熱起電力のように微少な電圧は測定を容易にするために強い電圧に変換する．微少電圧を強い電圧，高いレベルの電圧に変換するのが**増幅器**（amplifier）である．増幅器には，直流電圧から数 100 MHz 程度の周波数まで増幅できる**直流増幅器**（DC amplifier）がある．これは，もともと**アナログコンピュータ**（analog computer）で和・差・積分・微分などの演算を行わせる目的で作られたので**演算増幅器**（operational amplifier）と呼ばれ，真空管を用いる大型の装置であったが，現在は集積回路で作られている．入力から出力にいたる各段の間の接続は抵抗接続されているので，直結増幅器あるいは直流増幅器ともいう．二つの入力端子は接地から浮いており，逆位相の電圧が両端子に入力されたときのみ出力に電圧が現れ，同相の電圧が入力されたときには出力電圧が生じない**差動増幅器**（differential amplifier）の構成になっている．増幅器の性能を示す**雑音指数**は，多段増幅器では，初段の雑音指数でほとんど決定されるので差動増幅器を用いている（2.5 節参照）．同相の電圧の利得と逆位相の電圧利得との比を**同相電圧除去比**（CMRR；common mode rejection ratio）といい増幅器の同相雑音に対する良さの尺度となる．増幅器の出力は入力が接地されていても，いくらかの電圧が出力されている．これを**オフセット**（offset）**電圧**という．また，入力電圧を一定にしても出力電圧は時間とともに変化する．

これを**ドリフト**（drift）といい，ドリフト電圧が小さいことが望ましい．ドリフトを避ける目的で，直流電圧をチョッパとよばれる一種の断続スイッチで交流に変換して増幅し，再びチョッパで直流に変換するチョッパ増幅が用いられることもある．

【増幅用の演算増幅器の性能例】　入力抵抗：数 $kΩ$～$100\,MΩ$（バイポーラトランジスタは小さく，電界効果トランジスタは大きい），オフセット電圧：数 mV～数 $10\,μV$，温度によるドリフト：数 $μV/℃$，利得・周波数帯積：数 $10\,V$～数 $100\,MHz$，**整定時間**（settling time）：$100\,ns$，電流電圧：$±4.5$～$18\,V$

演算増幅器は，出力を入力に帰還させる**帰還増幅器**（feedback amplifier）の技術を使用している．図 4.1 は帰還増幅器の基本回路である．出力 V_o が伝達関数 $β$ の帰還回路を通り $βV_o$ となったものと V_i との和が，増幅器入力となる．したがって，入出力電圧の関係は，式(4.1) のようになる．

$$V_o = (V_i - βV_o) \cdot A \tag{4.1}$$

この式から増幅器全体の利得 G を求めると式(4.2) となる．

$$G = \frac{V_o}{V_i} = \frac{A}{1 + βA} \tag{4.2}$$

ここで，$βA \gg 1$ とすると，G は式(4.3) となる．

$$G ≒ \frac{1}{β} \tag{4.3}$$

$β$ を構成する素子を抵抗などの周波数依存性の少ない安定な素子にすると，広い周波数範囲にわたって利得の平坦な増幅器となる．いま帰還を施した場合，利得変動がどの程度抑圧されるかをしらべてみる．式(4.2) の両辺の対数をと

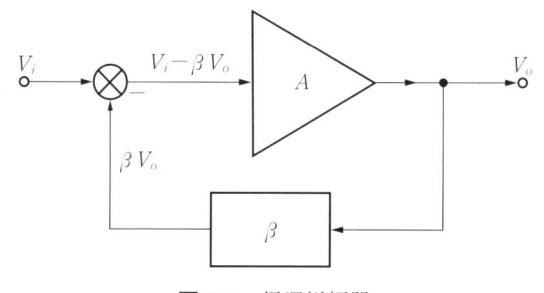

図 4.1　帰還増幅器

って微分すると次の式(4.4)となり，増幅器の利得Aの変動が，$1/(1+\beta A)$に抑圧されることがわかる．

$$\frac{dG}{G} = \frac{1}{1+\beta A}\frac{dA}{A} \tag{4.4}$$

出力を入力に逆位相で帰還する方法を**負帰還**（negative feedback）といい，次のような利点がある．（1）温度，電源電圧変化，部品の経時変化などの影響を受けない増幅器が構成できる．（2）増幅器の内部で発生する雑音やひずみを軽減できる．（3）増幅周波数帯域を広くできる．（4）入・出力のインピーダンス変換器となる．欠点としては，増幅器自身の利得より全体としての利得が減少する．設計が悪いと発振の可能性が大きくなる．

【例題 4.1】 式(4.2)で$A = 10, 100, 1000, 10000$と変化させたときの利得Gを求めよ．ただし$\beta = 0.1$とする．

〔解答〕

A	G
10	5
100	9.09
1000	9.90
10000	9.99

となり，Aが1000以上だと式(4.3)より$G = \dfrac{1}{0.1} = 10$と近似できる．

図4.2は各種の演算回路を示す．図4.2(a)は電圧増幅器である．入力電圧は抵抗R_1をへて増幅器入力に加わる．一方増幅器出力電圧は，抵抗器R_2を通して増幅器入力に帰還される．いま，増幅器の入力抵抗（入力インピーダンス）Z_iが大きく，$Z_i \gg 1$で電流は流入せず，利得Aが$A \gg 1$とする．入，出力電圧を用いて，増幅器入力端子で電流のキルヒホッフの法則を適用する．そうすると，増幅器入力端子の電位は接地電位となる．これを**仮想接地**（virtual ground）という．そして，入出力の関係は図に示すように，利得に無関係で，2個の抵抗の比との積になる．2個の抵抗を同じ値にすると入出力の電圧は，符号のみが変わるので，**符号変換器**になる．また入力端子を多数設ければ，入力電圧の**加算器**となる．

4.1 アナログ量の変換

$$V_o = (-R_2/R_1)V_i$$
(a)

$$V_o = (-1/(CR_1))\int V_i dt$$
(b)

$$V_o = (-CR_1)dV_i/dt$$
(c)

$$V_o \fallingdotseq (-2.3kT/q)\log(V_i/(aRI_{es}))$$
(d)

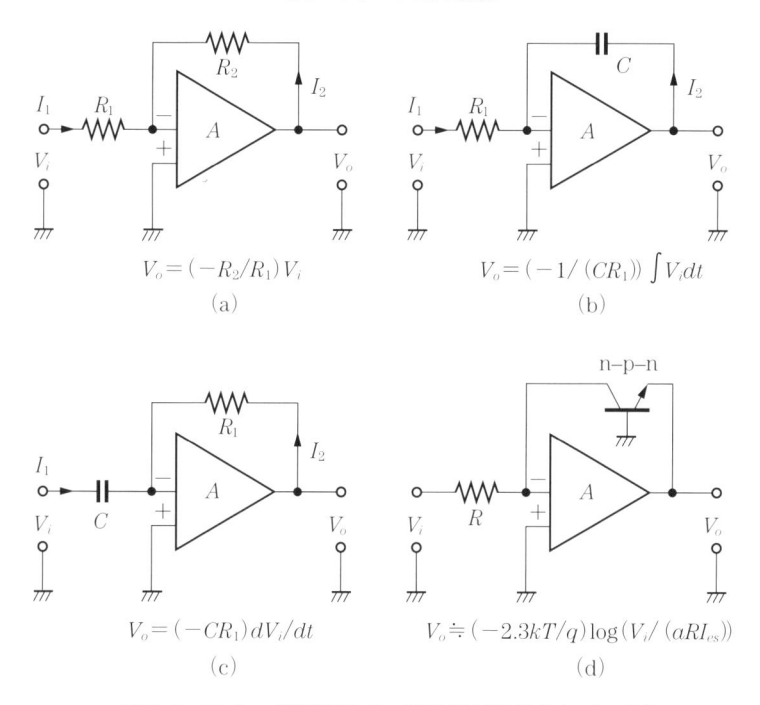

図 4.2 アナログ演算器（+端子側が接地されている）

次に，帰還抵抗の代わりに静電容量を接続し，再びキルヒホッフの法則を適用すると，出力は図 4.2(b) に示すように入力の時間積分になるので，この構成を**積分器**という．積分器の抵抗と静電容量を互いに**交換**して接続すると，図 4.2(c) に示すように**微分器**となる．

符号変換器の帰還抵抗の代わりにトランジスタを接続すると，入力電圧の対数に比例した出力電圧が得られる**対数増幅器**（logarithmic amplifier）となる．対数増幅器は，大きな入力電圧の範囲，すなわち，大きな**ダイナミックレンジ**をもつ入力を増幅する場合，たとえば，光の計測，音響計測，レーダ計測などに使用する．図 4.2(d) にその構成を示す．バイポーラトランジスタのコレクタ電流 I_c は**エバス・モール**（Ebers–Moll）モデルで次のように表される．

$$I_c = aI_{ES}(\exp(-qv_{BE}/(kT))-1) \tag{4.5}$$

ここで，v_{BE} はエミッタ・ベース間の電圧，T は絶対温度，k はボルツマン

定数，q は電子の電荷，I_{ES} はコレクタをベースに接続したときのエミッタ・ベース間の逆方向飽和電流，a は順方向ベース接地電流利得である．v_{BE} は 100 mV 以下であることを考慮すると，式(4.5)は次のようになる．

$$I_c \fallingdotseq aI_{ES}\exp(-qv_{BE}/(kT)) \tag{4.6}$$

増幅器の入力端子は，仮想接地電位になっているので，抵抗器に流れる電流とトランジスタのコレクタ電流 I_c は等しいから，$I_c = V_i/R$ である．また出力電圧 V_o は，v_{EB} と等しい．これらの関係を式(4.6)に代入して常用対数で表すと次式のようになり，入力電圧と出力電圧の関係は対数で表されることになる．

$$V_o = \frac{-2.3\,kT}{q}\log_{10}\frac{V_i}{aRI_{ES}} \tag{4.7}$$

【対数増幅器の性能例】　入力電圧：1 mV～100 mV，周波数：0～145 MHz，利得：50 dB，電源電圧：±4.5～7.5 V

このほか，入力電圧・電流の 10 のべき乗を出力する，**逆対数増幅器**（anti-logarithmic amplifier）もある．

【例題 4.2】　図 4.2(a)の $V_o = (-R_2/R_1)V_2$ を導け．

〔解答〕　入力抵抗∞と，＋端子が接地されているので＋と－端子の電位 0 より

$$I_1 + I_2 = 0,\ I_1 = V_i/R_1,\ I_2 = V_o/R_2 \text{ から } V_o = (-R_2/R_1)V_i \text{ が得られる．}$$

【例題 4.3】　図 4.2(b)の積分器 $V_o = -\dfrac{1}{CR_1}\displaystyle\int V_i dt$ を導け．

〔解答〕

$$I_1 + I_2 = 0,\ I_1 = V_i/R_1,\ I_2 = d(CV_o)/dt \text{ より } \frac{V_i}{R_1} + C\frac{dV_o}{dt} = 0 \text{ が得}$$

られて $\dfrac{dV_o}{dt} = -\dfrac{V_i}{CR_1}$ となり，これを積分して，

$$V_o = -\frac{1}{CR_1}\int V_i dt$$

が得られる．

4.1.2 周波数変換

電気電子計測や通信では,測定を容易にするために高周波を低周波に変換する周波数遁降あるいは分周,逆に低周波を高周波に変換する周波数遁倍操作が必要となることがある.また,ある周波数の信号を他の周波数の信号に変化する周波数変換やセンサなどで変換した電圧を周波数に変換するなどの操作が必要になる.

ある周波数を高くするには,周波数遁倍回路が用いられる.これには,増幅器入力信号を大きくして増幅器出力を飽和させたり,ダイオードに信号を加えるなどして,出力波形をひずませ,共振回路を用いて高調波を選択して抽出する方法が用いられる.周波数を低くするには,T型フリップフロップ回路が用いられる.これは,図4.3に示すように1個の入力をもち,出力に2個の状態$Q,\overline{Q}$をもっており,入力があるたびに交互に出力の状態が反転する.そのため,1個の出力を使えば,入力信号が1/2分周されたことになる.これをn段縦続接続すれば2^{-n}分周器ができる.

二つの信号S_1, S_2を図4.4の**2重平衡変調器**(double balanced mixer)のa,b端子に入力し,それらの積の演算を行うことにより,周波数の異なる信号に変換することができる.

$$S_1 = A_1 \cos \omega_1 t \quad S_2 = A_2 \cos \omega_2 t \tag{4.8}$$

$$V_o = \gamma S_1 \cdot S_2 = \gamma A_1 \cos \omega_1 t \cdot A_2 \cos \omega_2 t$$

$$= \frac{\gamma A_1 A_2}{2} \{ \cos(\omega_1 + \omega_2)t + \cos(\omega_1 - \omega_2)t \} \tag{4.9}$$

ここで,γは変換係数である.出力端子cには,2信号の和の周波数と差の周

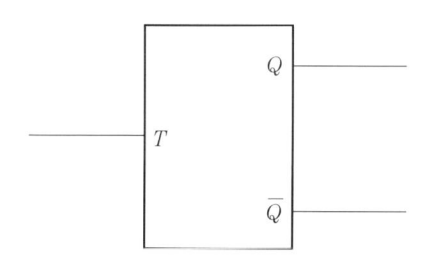

図4.3 T型フリップフロップ

波数の成分が得られる．普通は，出力端子に低域通過フィルタを接続し，和の周波数成分の信号を除去し，差の周波数成分を抽出することが多い．いま，二つの信号の周波数が等しく $\omega=\omega_1=\omega_2$，二つの信号の位相が ωt と $\omega t+\pi/2+\phi$ の場合を考える．ここで，ϕ は $\phi\fallingdotseq0$ である．和の周波数成分は除去してあるから，出力には位相変動 ϕ に比例した電圧が得られる．2信号の位相が ωt と $\omega t+\phi$ の場合は，出力には振幅に比例した電圧が得られる．この方法は，精密周波数の位相変動の測定や比較に用いられる．

光計測などでは時間的に緩やかに変化する微弱な信号，すなわち，数10 Hz以下の周波数成分からなる信号を信号対雑音比（SN比）を大きくして測定するためにこのような変調技術が用いられる．このような技術を用いた増幅器に**ロックイン増幅器** (lock–in amplifier) がある．図4.5に示す回路で，信号 $V_i(t)$ が角周波数 ω で変調され，それに雑音 $n(t)$ が加わったとする．この信号を角

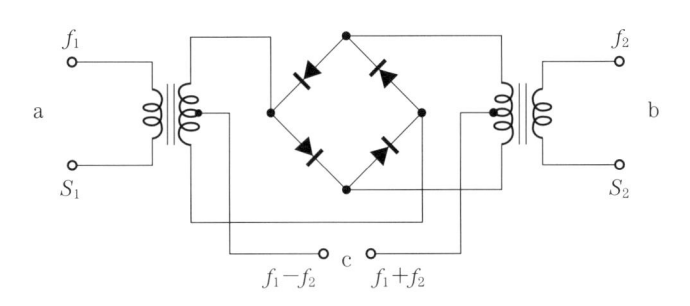

図4.4 2重平衡変調器

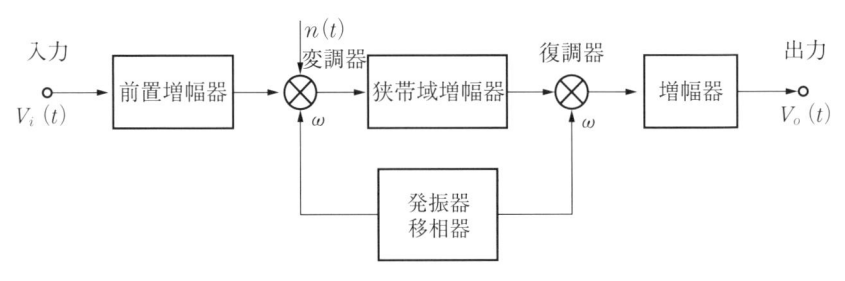

図4.5 ロックイン増幅器

周波数 ω で復調すると復調器出力には次の式(4.10) で示される信号が得られる．変調器と復調器の位相差 $\phi=0$ となるように調整し，ω 以上の周波数を取り除くと，増幅された入力信号が出力に得られる．

$$V_o(t) = \gamma \cos(\omega t + \phi)\{V_i(t)\cos\omega t + n(t)\}$$

$$= \gamma V_i(t)\left[\frac{1}{2}\{\cos(2\omega t+\phi)+\cos\phi\}\right]+\gamma n(t)\cos(\omega t+\phi)$$

(4.10)

この方法は，低周波域に強いスペクトルをもつ雑音の影響を避けて，高周波域にいったん信号を周波数変換して増幅する方法である．

【例題 4.4】 式(4.9), (4.10) を導け．

〔解答〕

$$\cos\omega_1 t \cdot \cos\omega_2 t = \frac{1}{2}\{\cos(\omega_1+\omega_2)t+\cos(\omega_1-\omega_2)t\}$$

より，式(4.9) が得られる．また，

$$\cos(\omega t+\phi)\cdot\cos\omega t = \frac{1}{2}\{\cos(\omega t+\phi+\omega t)+\cos(\omega t+\phi-\omega t)\}$$

$$= \frac{1}{2}\{\cos(2\omega t+\phi)+\cos\phi\}$$

より，式(4.10) が得られる．

4.1.3 周波数の選択

計測で取り扱う信号は多くの調波成分を含んでいることが多いので，ある周波数より高い周波数の信号，あるいは，低い周波数の信号のみを通過させたり，特定の周波数帯の信号のみを通過させたり除去する目的で，周波数の選択を行う．このような処理を行う回路が**フィルタ** (filter) である．フィルタは，抵抗，静電容量，コイルなどの受動部品や水晶振動子のような機械的な共振器を用いる受動フィルタと演算増幅器に周波数選択性の帰還を施して構成する能動型フィルタがある．能動型フィルタには，演算増幅器で作られるアナログ型とスイッチング回路を用いたディジタルフィルタ，スイッチドキャパシタフィル

(a) 受動型フィルタ　　　　(b) 能動型フィルタ

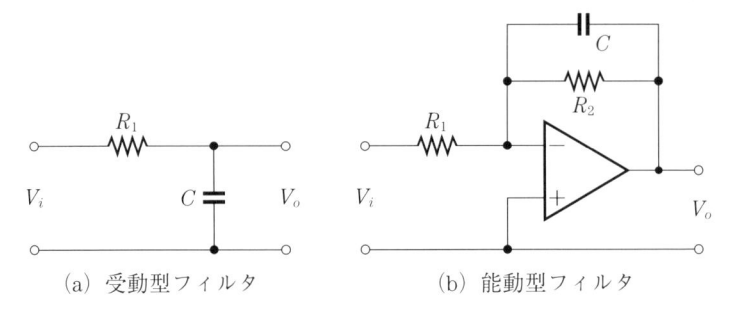

図 4.6　低域通過フィルタ

タなどがある．

図 4.6 は，低域通過受動型フィルタと能動型フィルタの例である．それぞれのフィルタの周波数特性は，入・出力の利得を表す伝達関数から求められ，次のようになる．

$$\text{受動型フィルタ}\quad \frac{V_o}{V_i} = \frac{1}{1+j\omega CR_1} \tag{4.11}$$

$$\text{能動型フィルタ}\quad \frac{V_o}{V_i} = -\frac{R_2}{R_1}\frac{1}{1+j\omega CR_2} \tag{4.12}$$

受動態フィルタは，主として，MHz 以上の周波数帯で使用され，能動型フィルタは数 100 kHz 以下の周波数帯での使用に適している．計測の目的に応じて使い分ける必要がある．

【例題 4.5】 式 (4.11), (4.12) を導け．

〔解答〕 図 4.6(a) で R_1, C を流れる電流を I とすると，コンデンサ C のインピーダンスは $\dfrac{1}{j\omega C}$ より

$$V_i = \left(R_1 + \frac{1}{j\omega C}\right)I,\ \ V_o = \frac{1}{j\omega C}I$$

が得られる．これより，I を消去して，

$$\frac{V_o}{V_i} = \frac{\dfrac{1}{j\omega C}}{R_1 + \dfrac{1}{j\omega C}} = \frac{1}{1+j\omega CR_1} \tag{4.13}$$

が得られる．

図 4.6(b) は，図 4.2(a) と比較して，

$$R_1 \to R_1, \quad R_2 \to \frac{\dfrac{R_2}{j\omega C}}{R_2 + \dfrac{1}{j\omega C}} = \frac{R_2}{1+j\omega CR_2}$$

を $V_o = -\dfrac{R_2}{R_1} V_i$ に代入すれば

$$\frac{V_o}{V_i} = -\frac{R_2}{R_1} \frac{1}{1+j\omega CR_2} \tag{4.14}$$

が得られる．

4.2 ディジタル変換

アナログ信号が，連続的な量で表された信号であるのに対し，**ディジタル** (digital) 信号は数字に対応する離散的な量で表された信号である．数字に対応する量で表されているので，読み取りに時間はかかるが原理的には桁数を大きくすれば精度を上げることができる．

ディジタル量を数字に変換するには，日常なじみの多い 10 進システムがあり，多くのシステムが考えられる．しかし，電気的にシステムを実現すると，電圧・電流の on・off に対応した 2 進システム，あるいは POSITIVE, OFF, NEGATIVE の 3 進システムなどが考えられるが，2 値システムが実現容易である．2 進システムから 10 進システムに変換することにより，人が最終結果を有効に利用することができる．

アナログシステムでは，混入した雑音と信号との分離が困難である．アナログシステムでは個々のシステムの標準化が困難なので，システム化は困難であ

る．信号の高品質の記憶，記録がむずかしく，その質が劣化しやすい．精度を高めることが困難などの問題点があるのに対して，ディジタルシステムは，次のような長所をもっている．

（1） 信号対雑音比を大きくとることができ，雑音による影響を受けにくい．
（2） 信号処理によっても品質の劣化が少ない．
（3） 個々のシステムの設計が，全体のシステムと分離して設計できる．
（4） 記憶，記録，再生，伝送が容易でこれらの操作による品質の劣化が少ない．

4.2.1　10 進 数

電気電子計測で使用される 2 進数と日常なじみのある 10 進数について述べる．10 進数で表した数は，次のように表される．

$$D_n D_{n-1} D_{n-2} D_{n-3} \cdots D_0.D_{-1}D_{-2} \tag{4.15}$$

ここで，D は 0〜9 までの正の整数で n は桁を表す．式(4.15)で表された 10 進数の各桁の表す数を 10 のべきで表すと式(4.16)のようになる．

$$D_n \times 10^n + D_{n-1} \times 10^{n-1} + D_{n-2} \times 10^{n-2} + D_{n-3} \times 10^{n-3} + \cdots + D_0 \times 10^0$$
$$+ D_{-1} \times 10^{-1} + D_{-2} \times 10^{-2} \tag{4.16}$$

ここで，10^n〜10^{-2} に当たる数は桁上げに関係する数で，10 を 10 進数における基数という．

【例題 4.6】 $D_2 D_1 D_0.D_{-1}D_{-2}$，$D_2 \times 10^2 + D_1 \times 10 + D_0 \times 10^0 + D_{-1} \times 10^{-1} + D_{-2} \times 10^{-2}$ の例を示せ．

〔解答〕 123.45 を例にとると，$D_2 = 1$，$D_1 = 2$，$D_0 = 3$，$D_{-1} = 4$，$D_{-2} = 5$ とすれば

$$123.45 = 1 \times 10^2 + 2 \times 10 + 3 \times 10^0 + 4 \times 10^{-1} + 5 \times 10^{-2}$$
$$= 100 + 20 + 3 + 0.4 + 0.05$$
$$= 123.45$$

が得られる．

4.2.2　2 進 法

2 進法は 2 を基数とする算法である．2 進法の数は，式(4.17)で表される．

4.2 ディジタル変換

$$B_n B_{n-1} B_{n-2} B_{n-3} \cdots B_0 . B_{-1} B_{-2} \tag{4.17}$$

$B_n \sim B_{-2}$ は 0,1 のいずれかであり，そのいずれか一つを**ビット**（bit；binary digit）という．式(4.17) を 2 のべきで表すと，式(4.18) のようになる．

$$B_n \times 2^n + B_{n-1} \times 2^{n-1} + B_{n-2} \times 2^{n-2} + B_{n-3} \times 2^{n-3} + \cdots + B_0 \times 2^0 + B_{-1} \times 2^{-1}$$
$$+ B_{-2} \times 2^{-2} \tag{4.18}$$

【例題 4.7】 101 と 101.11 を 2 のべきで表せ．
〔解 答〕 式(4.18) より 101 = $1 \times 2^2 + 0 \times 2^1 + 1 \times 2^0 = 4 + 0 + 1 = 5$, 101.11 $= 1 \times 2^2 + 0 \times 2^1 + 1 \times 2^0 + 1 \times 2^{-1} + 1 \times 2^{-2} = 4 + 0 + 1 + 0.5 + 0.25 = 5.75$

次に 2 進法による負の求め方について述べる．たとえば 4 桁の 2 進数を考えて，-7 をどのように表すかである．$+7$ は 0111 であるが -7 は 1111（符号絶対値表現），1000（1 の補数表現），1001（2 の補数表現）の 3 通りがあるが，1 の補数表現は現在あまり使われていない．

　　　　$+7$　0　111

において，最左ビット，または**最上位の桁**（MBS；Most Significant Bit）0 を 1 にして -7 にする．すなわち

　　　　-7　1　111　（符号絶対値表現）

である．次に 0 を 1 に，1 を 0 にする補数を考えるのが 1 の補数表現である．$+7$（0　111）において，

　　　　-7　1　000　（1 の補数表現）

である．1 の補数表現に最下位の桁に 1 を加えたのが 2 の補数表現である．すなわち，

　　　　-7　1　001　（2 の補数表現）

である．
いくつかの例を示す．

　　　　$+6$　0　110
　　　　-6　1　110　（符号絶対値表現）
　　　　-6　1　001　（1 の補数表現）
　　　　-6　1　010　（2 の補数表現）

+5　0　101
−5　1　101　(符号絶対値表現)
−5　1　010　(1の補数表現)
−5　1　011　(2の補数表現)

+4　0　100
−4　1　100　(符号絶対値表現)
−4　1　011　(1の補数表現)
−4　1　100　(2の補数表現)

+3　0　011
−3　1　100　(符号絶対値表現)
−3　1　100　(1の補数表現)
−3　1　101　(2の補数表現)

4.2.3　情報の符号化と2進化10進変換

数や文字などをディジタル化するときには，それらが一定の長さの**符号**（code）で符号化されることが望ましい．現在，最も広く使用されている符号は，表4.2に示す**ASCII**（American Standard Code for Information Interchange）である．これは，**CCITT**（International Telegraph and Telephone Consultative Committee）標準No.5のアメリカ版とAmerican National Standard Institutionにより定義されたものである．これは7ビットコードであるが実際に使用するときには，第8番目のビットをつけ加えて，合計8ビットとしている．これらは，数字，アルファベット（大文字，小文字），％などの記号，タイピングの操作符号にあてられている．8ビットをひとまとめにして一つの情報単位とし**語**（word）を形成し，これを**1バイト**（byte）という．符号を伝送するときに，雑音が混入して正しい数値が不明になるのを防ぐ目的で，8番目のビットに1ビットを挿入する．1語中に含まれる1の数の合計が偶数であるときに，語は偶であるといい，奇数であるときには，奇であるという．1語が奇であると最初に定義しておけば，受信した語が偶であるとそれは誤りであることがわ

4.2 ディジタル変換

表 4.2

10進数→			0	1	2	3	4	5	6	7
	16進数→		0	1	2	3	4	5	6	7
		7, 6, 5桁目のビット→	000	001	010	011	100	101	110	111
0	0	0000	NUL	DLE	SP	0	@	P		p
1	1	0001	SOH	DC 1	!	1	A	Q	a	q
2	2	0010	STX	DC 2	"	2	B	R	b	r
3	3	0011	ETX	DC 3	#	3	C	S	c	s
4	4	0100	EOT	DC 4	$	4	D	T	d	t
5	5	0101	ENQ	NAK	%	5	E	U	e	u
6	6	0110	ACK	SYN	&	6	F	V	f	v
7	7	0111	BEL	ETB	'	7	G	W	g	w
8	8	1000	BS	CAN	(	8	H	X	h	x
9	9	1001	HT	EM	)	9	I	Y	i	y
10	A	1010	LF	SUB	*	:	J	Z	j	z
11	B	1011	VT	ESC	+	;	K	[	k	{
12	C	1100	FF	FS	,	<	L	\	l	|
13	D	1101	CR	GS	−	=	M	]	m	}
14	E	1110	SO	RS	.	>	N	^	n	~
15	F	1111	SI	US	/	?	O	_	o	DEL

└─ 4, 3, 2, 1桁目のビット
└─ 16進数
└─ 10進数

かり，再送信を要求する．このようにすることを**奇偶検査**または**パリティチェック**（parity check）という．挿入される1ビットを**チェックビット**といい，1語が奇数であるときを**奇パリティ**（odd parity），偶数であるときを**偶パリティ**（even parity）という．このように挿入される1ビットを**トランスバースパリティビット**（transverse parity bits）という．しかし，たとえば奇パリティの語に数偶個の誤りビットが挿入されたとすると，トランスバースパリティビッ

トだけでは，誤りを検出できない．そこで，数10語を1グループにして，それに含まれる全ての語の桁（ビット）に含まれる偶，奇を検出してパリティビットを作り，さらに全ての語のトランスバースビットについてもパリティビットを作りこれを1語として誤りの検出に役立てる．このようにして挿入されたビットを**ロンジテューディナルビット**（longitudinal bits）という．10進数の1桁ごとの数を10進数で符号化する方法を符号化10進数という．しかし，電気電子計測では，2進数を読み取りに便利なように10進数に変換するとき，2進数で10進数の各1桁を表す方法が用いられる．これを**2進化10進法**（BCD；binary coded decimal）といい，測定器の測定値出力や表示に用いられる．

4.2.4 アナログ量のディジタル変換

アナログ量は，図4.7に示す三つの過程を経てディジタル量に変換される．まず，変換すべきアナログ量を一定周期のクロックパルスにタイミングを合わせて抽出する．これを**標本化**（sampling）あるいは**サンプリング**という．このクロックパルスをサンプリングパルスといい，その周波数をサンプリング周波数という．ついで，標本化したアナログ量を有限桁の数に変換する．この操作を**量子化**（quantization）という．アナログ量を量子化するにはある時間が必要で，変換に必要な時間だけ標本化したアナログ量を保持していなければならない．このような操作を行う回路を**サンプル・ホールド回路**という．量子化されたアナログ量は，次に**符号化**（coding）される．これは，量子化された量を記録，伝送などの便宜のためにいくつかをまとめて，有限桁の数に変換された量を符号に変換する操作で，アナログパルス変調ではパルスの幅（パルス幅変調：PWM）やパルスの高さ（パルス振幅変調：PAM）に変換されるが，パルス符号変調（PCM）やアナログ／ディジタル変換（A/D変換）では通常は2進数に変換される．

サンプリング周波数f_sとディジタル変換されたアナログ信号をアナログ量に再変換するときの再生可能上限周波数f_uは，**標本化定理**で$f_u=1/2\times f_s$の関係があって，$f_u>1/2\times f_s$のときには，標本化されたスペクトルに重なりが生じる**折り返し**（aliasing）が発生し，正しいディジタル／アナログ変換ができなくなる．ディジタル／アナログ変換をする際には，f_uより低い周波数を通過さ

4.2 ディジタル変換　　　**67**

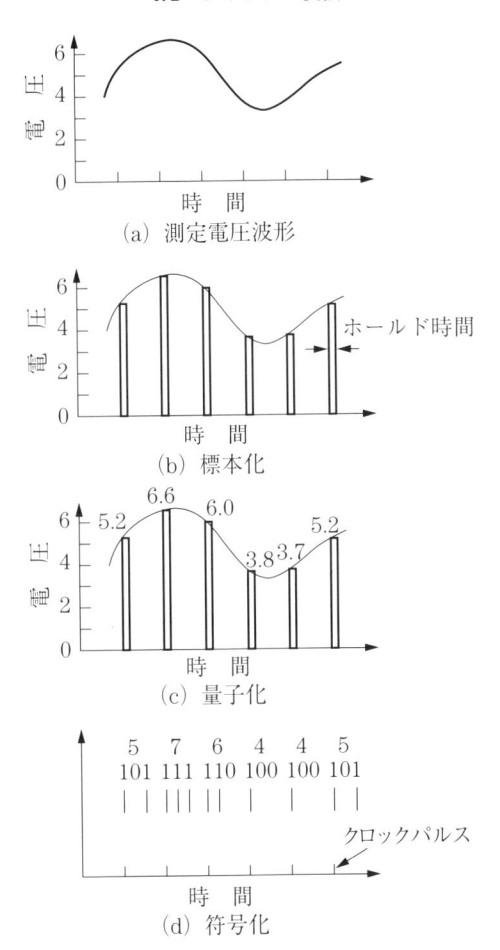

図 4.7　アナログ量の符号化のプロセス

せる低減フィルタで不要なスペクトルを除去しなければならない．

4.2.5　アナログ・ディジタル変換

　アナログ量をディジタル量に変換するものを **A/D 変換器**（A/D converter）という．変換の速度に応じて，低速，中速，高速変換器に分類できる．低速変換器には，2 重積分方式，電荷平衡方式などの積分方式があり，ディジタルマ

ルチメータなどの計測器に利用されている．変換速度は，2重積分方式で数10 ms～数100 ms である．中速の変換器は，帰還比較方式とも呼ばれるもので，追従比較方式あるいは逐次比較方式を用いている．追従比較方式は，変換されるアナログ量が基準量の何倍にあたるかを基準量の倍数で変換していき，その数から変換量を求めるのに対し，逐次比較方式では，アナログ量と比較する際に上の桁から比較して，被変換量との差が最も少なくなるように変換していく方式である．変換速度は，数μs～数100 μs である．数値制御，パルス符号変調通信などに使用される．

高速変換器は，無帰還比較方式を用いており，並列比較により変換する．比較には，アナログ量に対応して2進各桁を同時に比較するもので高速変換が可能であるが，各桁比較用の比較器が必要となる．変換速度は，数ns～数100 ns である．波形記憶装置，画像情報処理などに使用される．

計測器に用いられている2重積分型A/D変換器について説明する．この変換器は，**デュアルスロープ**（dual slope）方式ともよばれている．この変換器の構成を図4.8に示す．直流の測定電圧 V_x は，**CPU**（central processing unit）によって制御されたスイッチ SW_1 を通って積分器に入力され，t_x 時間だけ積分されて，電圧比較器の設定電圧に達したことが比較器により検出される．そのときの積分器の出力 V_{ox} は，式(4.19)のようになる．

$$V_{ox} = -\frac{1}{CR} V_x t_x \tag{4.19}$$

このとき，積分器の入力がCPUによってスイッチ SW_2 に切り替えられ，ツェナー（Zener）ダイオードなどで発生させた測定電圧と逆極性の標準電圧 V_s が積分器出力が0ボルトになるまでの時間 t_s だけ積分される．このときの積分器の出力電圧 V_o は式(4.20)で表される．

$$V_o = -\frac{1}{CR} V_x t_x + \frac{1}{CR} V_s t_s = 0 \tag{4.20}$$

したがって，被測定電圧 V_x は式(4.21)で表せる．

$$V_x = \frac{t_s}{t_x} V_s \tag{4.21}$$

積分時間は，タイムベースで発生した精密なクロックパルスにより正確に計測

4.2 ディジタル変換

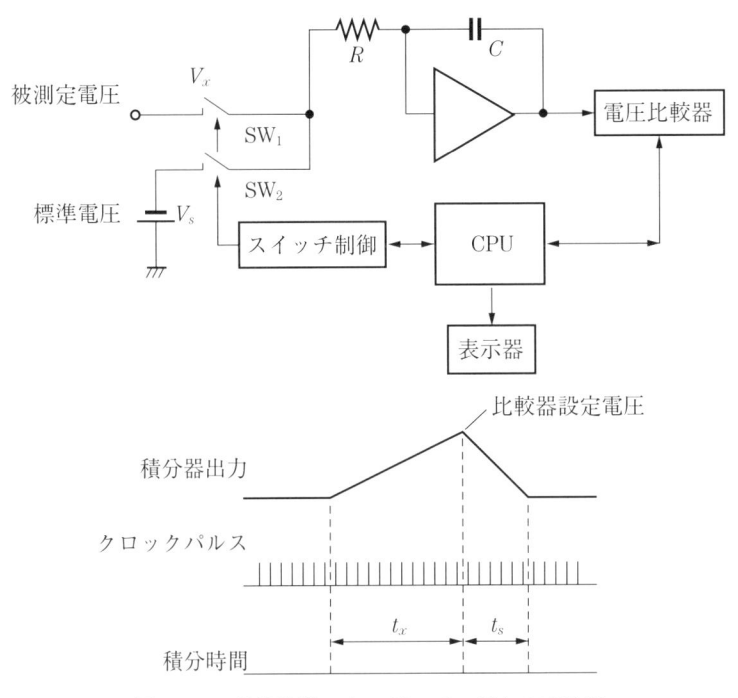

図 4.8 2 重積分型アナログ・ディジタル変換器

される．クロックパルスの周期，基準電圧，部品の定数などの経時変化は長期間にわたるので，測定値にこれらの影響は現れないとしてよい．また，積分周期と電源などから混入する誘導雑音の周期が一致すれば，測定値にその影響は現れない．

（1） A/D 変換器の誤差

（a） 分 解 能

A/D 変換器は，測定アナログ量をあらかじめ定められたビット数のディジタル量に変換する．このときに，測定アナログ量の範囲をビット数あたりに割り当てなければならない．たとえば，0 から V ボルトまでを**フルスケール**（FS；full scale）とする測定電圧を N ビットで表すとすると，1 ビットあたりの測定電圧 V_b は次式で与えられる．

$$V_b = \frac{FS}{2^N} \quad \text{[V/bit]} \tag{4.22}$$

これを**最小ビット**（LSB；Least Significant Bit）といい，アナログ量をディジタル量に量子化するときに識別できる最小単位である．したがって，変換のときに最も変換誤差が少なくなるのは，測定電圧が最小ビットの整数倍になったときである．逆に n を整数としたとき，$n \times \text{LSB} + (\pm 1/2) \times \text{LSB}$ にあたる測定電圧のとき，変換誤差が最も大きくなる．$(\pm 1/2) \times \text{LSB}$ は量子化にともなう避けられない誤差で，**量子化誤差** Q_e といい次式で表される．

$$Q_e = \frac{FS}{2^{N+1}} \tag{4.23}$$

（b）オフセット誤差

変換器の入力電圧が0であっても，出力電圧は0とはならないことがある．この出力電圧をオフセット誤差という．オフセット誤差は，オフセット電圧を増幅器の利得で除した商，すなわち，入力側に換算した電圧で表すのが普通である．オフセット誤差は，電源電圧変動，温度変動に起因するドリフトであり，変換器によっては自動的にオフセット電圧を0にする回路を備えているものもある．

（c）利得誤差

規定のフルスケールのアナログ電圧が変換器に入力されても，それに対応したディジタル出力電圧の表示が得られないときの誤差を利得誤差という．これは，A/D変換する際の基準電圧や基準電流が正確に設定されていないときに生じるもので，基準電圧を作るツェナーダイオードの温度変動なども一因である．

（d）非直線誤差

原理的には，A/D変換はアナログ電圧とLSBとの関係で直線性のある変換を行うことになっている．しかし，ディジタル出力表示がLSBの整数倍にならない．これを非直線誤差という．

4.3 ディジタル・アナログ変換

ディジタル変換された量をアナログ量に変換する操作が必要になる．ディジ

4.3 ディジタル・アナログ変換

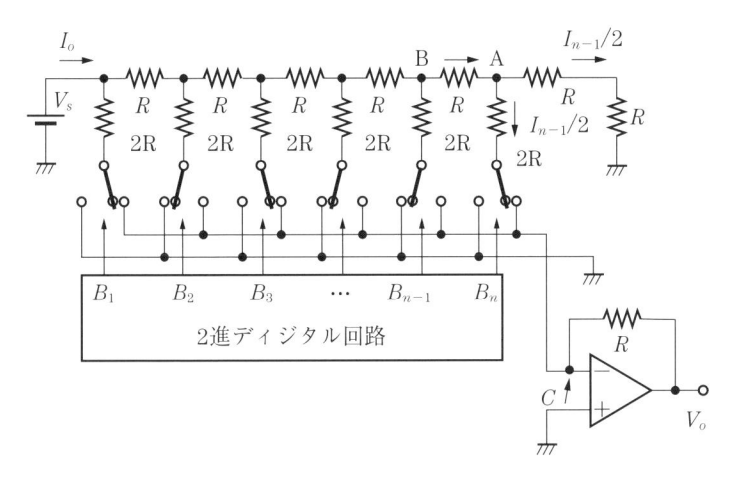

図 4.9 ディジタル・アナログ変換器

タル量をアナログ量に変換するには，ディジタル数の桁に対応したスイッチ回路で加算演算増幅器の抵抗値のスイッチングを行い，アナログ量に変換する方式が多い．

図 4.9 は，電流加算方式の D/A 変換器の原理を示す．この方式では，抵抗網により電流を $1/2^n$ に分流して 2 進桁に応じたスイッチで加え合わせて変換する．図の A 点で分岐した抵抗は，ともに等しいので電流は 2 分される．B 点でも同様に分岐した抵抗値は等しいので，電流は 2 分される．また，演算増幅器の入力 C 点は仮想接地であるから，この抵抗網の合成抵抗は R となる．スイッチ B_i は，2 進数に対応しており on か off の状態にある．基準定電圧源 V_s から回路に流入する電流 I_i は式 (4.24) のようになる．

$$I_i = \frac{V_s}{R}\left(\frac{B_1}{2^1} + \frac{B_2}{2^2} + \cdots + \frac{B_n}{2^n}\right) \tag{4.24}$$

帰還抵抗 R にこの電流が流れるので，増幅器出力 V_o には $-I_i \times R$ が現れて，ディジタル量がアナログ量に変換される．

$$V_o = -I_i \times R = -\frac{V_s}{R}\left(\sum_{i=1}^{i=n} B_i\, 2^{-i}\right)R = -V_s \sum_{i=1}^{i=n} B_i\, 2^{-i} \tag{4.25}$$

誤差の小さな変換を行おうとすれば，分流用の抵抗値を正確に調整しなければ

ならない．この方式では，R と $2R$ の2種類の抵抗を調整するだけであるから，多種類の抵抗を調整するのに比較して精度を高めやすい．

【例題 4.8】 式(4.22)よりフルスケール（FS）が4Vで，$N=3$ ビットであった．2.5Vがどのようなディジタルデータに変換されるか．
〔解答〕
$$V_b = \frac{4}{2^3} = 0.5 \ [\text{V/bit}] \quad \text{したがって，}$$

$$\left(\frac{2.5}{0.5}\right) = (5)_{10進} = (101)_{2進} である．$$

【例題 4.9】 図4.9において，$n=5$，$V_s=10\,\text{V}$ のときに，ディジタルデータ 10111 がどのようにアナログ電圧に変換されるか．
〔解答〕
式(4.25)より
$$V_o = -10\left(\frac{1}{2^1} + \frac{0}{2^2} + \frac{1}{2^3} + \frac{1}{2^4} + \frac{1}{2^5}\right)$$
$$= -10(0.5 + 0 + 0.125 + 0.0625 + 0.03125)$$
$$= -10 \times 0.71875$$
$$= -7.2\,\text{V}$$

【第4章のまとめ】
1. アナログ量を帰還増幅器を用いて変換する．
2. 周波数の選択にはフィルタが用いられる．
3. ディジタル量は10進法，2進法，16進法で表せる．

練習問題

〔問題 4.1〕 式(4.4) を証明せよ.
〔問題 4.2〕 図 4.2(c)の微分器の入,出力関係を表す式を求めよ.
〔問題 4.3〕 185 を 2 進数で表せ.
〔問題 4.4〕 2 進数 10111001 を 10 進数で表せ.
〔問題 4.5〕 10.01 を 2 のべきで表せ.
〔問題 4.6〕 -2 を 4 桁の 2 進数で表せ.
〔問題 4.7〕 16 進数の D 7 を 10 進数で表せ.
〔問題 4.8〕 $(109)_{10進数}$ は ASCII コードのどの文字に対応するのか.
〔問題 4.9〕 $(43)_{10進数}$ を 16 進数で表せ.また ASCII コードのどの文字に対応するか.
〔問題 4.10〕 図 4.9 において,$n=3$,$V_s=5$ V のとき,ディジタルデータ 111 がどのようなアナログ電圧に変換されるか.

5 電圧と電流の測定

5.1 はじめに

　測定しようとする電圧や電流値は，測定対象の属する分野によっては約 10^{10} もの開きがある．たとえば，雑音と混じりあった信号の中で目的とする電圧を検出しなければならないこともある．また，ビーム型セシウム原子周波数標準などでは常時検出されるビーム電流は数 pA であり，集積回路の素子 1 個に流れる電流は数 μA 程度であり，発・送電や核融合実験などの電力分野では数万 A から数 100 万 A にも及ぶ．これらの測定では，周波数がそれぞれ異なり，電流も瞬時にしか流れないこともある．測定値に応じて，測定法も増幅器を用いる能動型の測定から測定対象からエネルギーを流用して測定する受動型測定法まである．ここでは，それらの測定法と測定器について述べる．

5.2 交流波形と測定値

　測定電圧の**波形**（waveform）は様々であるが，**正弦波**（sinusoidal wave）であるとして測定器では測定量を指示，あるいは表示することになっている．そのため，測定器の動作原理を知ることが正しい測定を行う上で欠かせない．

　測定電圧の**瞬時値**（instantaneous value）$V(t)$ が式(5.1)で示されるとする．

$$V(t) = A \sin \omega t \tag{5.1}$$

ここで，A は**振幅**（amplitude），t は時間，ω は**角周波数**（angular frequency：$2\pi f$）である．**波高値**（peak value）V_p とは振幅にあたる量である．交流電圧の**平均値**（mean value）V_{av} とは，式(5.2)に示すように時間的に正弦波状に変化する電圧の絶対値を 1 周期 $T = (2\pi)/\omega$ にわたって平均した値である．

$$V_{av} = \frac{1}{T} \int_0^T |A \sin \omega t| dt \tag{5.2}$$

交流電圧の平均値は，交流電圧を整流すれば求められる．

交流電圧の**実効値**（root–mean–square value, effective value）$V_{\rm rms}$ は 2 乗平均値とも呼ばれ，式(5.3)のように電圧を 2 乗して，1 周期間にわたって平均した量の平方根である．

$$V_{\rm rms} = \left[\frac{1}{T}\int_0^T A^2 \sin^2 \omega t \, dt\right]^{1/2} \tag{5.3}$$

式(5.3)の定義から，交流電圧の実効値を次のようにも定義できる．交流電圧の実効値とは，抵抗器に交流電圧の周期と等しい時間だけ直流電流が流れたときに，その周期中に抵抗器で消費される直流電力に等しい熱損失を抵抗器に発生させる交流電圧である．このため，ほとんどの電圧計や電流計では正弦波の実効値で指示したり表示するようになっている．

直流電圧の大きさは，**ジョセフソン素子**に基づく電圧標準で定義され（3 章参照）て用いられる．実効値電圧の定義からわかるように，交流電圧の校正は，ジョセフソン素子で定義された精密な直流電圧を抵抗器を仲介して交流電圧に移すことにより行う．

波形率（form factor）は，実効値に対する平均値の比と定義されている．ひずみ波形では，1 周期のうち正の波高値と負の波高値の絶対値が等しくない場合が多いので，測定波形が正弦波でないときに波形率が重要になる．ひずみ波形の測定では，負と正の波高値間の電圧，すなわち両波高値電圧の絶対値の和 V_{p-p} を用いることが多い．このとき，$(V_{p-p})/2$ は，必ずしも正あるいは負の波高値に等しくはならないことになる．

波高率（crest factor）は，波高値に対する実効値の比と定義されている．電圧計・電流計は正弦波の実効値で表示されているので，正弦波形の電圧・電流測定をする場合には，その表示値から平均値などの値を定義から求めることができる．しかし，ひずみ波形の場合には，その表示は正しいものでないことに注意しなければならない．正弦波電圧については，これらの値は表 5.1 のよう

表 5.1 正弦波交流電圧のパラメータ（ここでは $V_p = A$ である）

波高値 V_p	実効値 $V_{\rm rms}$	平均値 V_{av}	波形率 α	波高率 β
$\sqrt{2}\,V_{\rm rms}$	$V_p/\sqrt{2}$	$(2\sqrt{2}/\pi)V_{\rm rms}$	$V_{\rm rms}/V_{av}$	$V_p/V_{\rm rms}$

な関係になっている．

【例題 5.1】 式(5.2), (5.3) を計算して，波形率，波高率を求めよ．
〔解答〕 式(5.2) より

$$V_{av} = \frac{1}{T}\int_0^T |A\sin\omega t|dt = \frac{2}{T}\int_0^{\frac{T}{2}} A\sin\omega t\,dt$$

$$= \frac{2A}{T\omega}\left[-\cos\omega t\right]_0^{\frac{T}{2}} = \frac{2A}{2\pi}\left[-\cos\left(\omega\frac{T}{2}\right)+\cos(\omega\cdot 0)\right]$$

$$= \frac{A}{\pi}\left[-(-1)+1\right] = \frac{2}{\pi}A$$

式(5.3) より

$$V_{rms} = \left[\frac{1}{T}\int_0^T A^2\sin^2\omega t\,dt\right]^{\frac{1}{2}} = A\left[\frac{1}{T}\int_0^T \frac{1}{2}(1-\cos 2\omega t)dt\right]^{\frac{1}{2}}$$

$$= A\left[\frac{1}{2T}\left[t - \frac{1}{2\omega}\sin 2\omega t\right]_0^T\right]^{\frac{1}{2}}$$

$$= A\left[\frac{1}{2T}\left\{T - \frac{1}{2\omega}\left[\sin 2\omega T - \sin 0\right]\right\}\right]^{\frac{1}{2}}$$

$$= A\sqrt{\frac{1}{2}} = \frac{A}{\sqrt{2}}$$

したがって，波形率は定義により，

$$波形率 = \frac{実効値}{平均値} = \frac{V_{rms}}{V_{av}}$$

$$= \frac{\dfrac{A}{\sqrt{2}}}{\dfrac{2}{\pi}A} = \frac{\pi}{2\sqrt{2}} = 1.11$$

と求まる．波高率は

$$波高率 = \frac{最大値}{実効値} = \frac{A}{V_{rms}}$$

$$= \frac{A}{\frac{A}{\sqrt{2}}} = \sqrt{2} = 1.41$$

と求まる．

5.3 指示計器とディジタル計器

　計測器は，測定量を測定し，表示する方法で**指示計器**（indicating instrument）と**ディジタル計器**（digital instrument）に分類できる．指示計器は，電気量である測定量を機械量に変換し，それを指針で**目盛盤**（scale plate）上に指示させるものである．これは，測定回路から変換に要するエネルギーを消費する受動型の計器で可動コイル型，コイル中に鉄片を吸引させるトルクを発生させる可動鉄片型計器などがある．ディジタル計器は，アナログ量である測定量を直接あるいは増幅などのアナログ変換を行ったのちディジタル量に変換し，放電管，液晶表示管，発光ダイオードなどを用いて数字で表示する計器である．このほかに液晶表示管や陰極線管などを用いて，指示計器を表示してあたかも実物の指示計器のような表示を行う，ディジタル指示計器ともいうべき計器もある．この種の計器の用いられる理由は，指示計器の表示が直感的で，指示計器が多く用いられていたのでそれに慣れている使用者が多いためである．

　指示計器は，測定対象の電磁界と計器内にあらかじめ設けた電磁界との相互作用により生ずる電磁力でトルクを発生し，指針などを動かせる機械的な計器である．図5.1に可動コイル型指示計器の構造を示す．

　ディジタル計器は，機械的な機構を全く持たない純電気的な計測器である．測定電気量を電気回路で処理し，発光ダイオード，液晶などを使って表示する．電圧，電流など単一の電気量を計測する計器は少なく，1台の計器で直流，交流の電圧，電流，抵抗などの測定ができる汎用型の**ディジタルマルチメータ**（DMM；digital multimeter）と呼ばれている計器が多く使われている．計器内での電気量の処理には，多くの場合高精度アナログ演算処理が使われる．ディジタル計器は，高精度A/D変換器と電子回路を使って高精度・高分解能の測定ができる．測定値が数字で表示されるので，アナログ計器のような測定者に

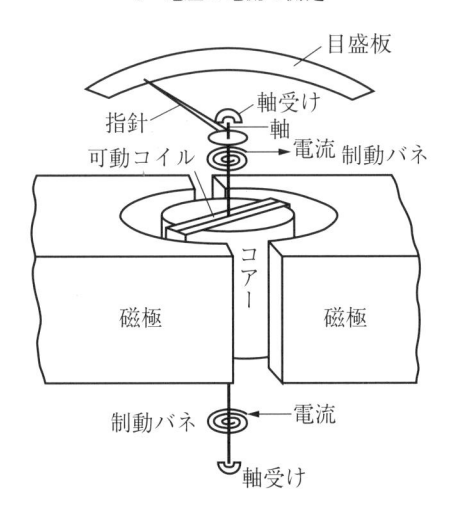

図 5.1 可動コイル型指示計器の構造

固有の読み取り誤差が全くない．また，電子回路の入力抵抗を数 $10\,\mathrm{M\Omega}$ にすることも困難ではないので，測定回路にほとんど影響を与えないで測定することができる．入力回路には，過大入力に対する保護回路を設けることで瞬時的な高電圧や誤使用に対する信頼性を高くすることができる．また，測定回路と演算処理，表示回路とを光回路などで絶縁できるので，測定の際の安全と高精度測定が期待できるし，コンピュータに接続したときにコンピュータと測定回路を電気的に絶縁できる．測定量は，ディジタル値で得られるので，**GP-IB**（general purpose interface bus）を通してコンピュータに接続し，測定・制御・表示・記録・演算処理などが容易に自動的に行えるなどアナログ計器に比べて優れた点が多い．

5.4 直流電圧の測定

どのような物理量の測定においても，測定にあたっては測定対象の状態変化を起こさないようにしなければならない．しかし，測定器を接続することによって回路の状態は変化する．そこで，計器の接続による影響を計算により求めて誤差の見積をし，正確な値を求めることが必要である．

図 5.2 のような内部抵抗 R_0 の電源に接続された負荷抵抗 R の両端の電圧と

5.4 直流電圧の測定

そこに流れる電流を測定する．電流は図5.2(a)のように電流計を回路に直列に接続し，その表示を読めばよい．電流計の内部抵抗を R_A とし，電流計を接続する前の電流 I_0 と接続後の電流 I_1 としてその比を求めると，式(5.4)になる．

$$I_0/I_1 = 1 + R_A/(R_0 + R) \qquad (5.4)$$

これから，正確な電流測定をするには内部抵抗 R_A の小さい電流計を使用しなければならないことがわかる．同じようにして電圧測定では，内部抵抗 R_v の電圧計を接続する前の負荷の端子電圧 V_0 と接続後の電圧 V_V との比を求めると，電圧計の内部抵抗が大きいほど正確な測定値が得られることがわかる．

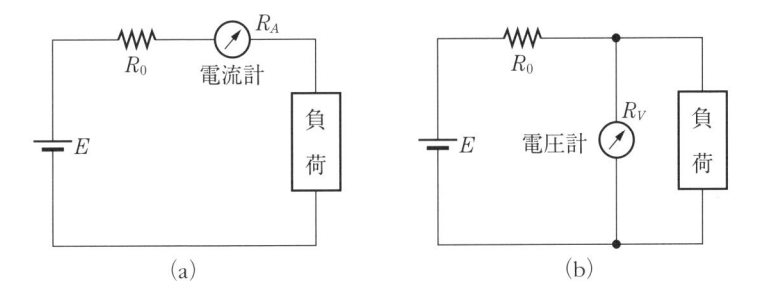

図 5.2 電圧と電流の測定

【例題 5.2】 図5.2(a)で負荷抵抗を R として，式(5.4)を導け．

〔解答〕 電流計を接続する前の電流 I_0 は

$$I_0 = \frac{E}{R_0 + R}$$

と求まる．次に内部抵抗 R_A の電流計を接続した後の電流を I_1 とすると，

$$I_1 = \frac{E}{R_0 + R + R_A}$$

と求まる．I_0 と I_1 の比を取り，

$$\frac{I_0}{I_1} = \frac{E}{R_0 + R} \times \frac{R_0 + R + R_A}{E}$$

$$= \frac{(R_0+R)+R_A}{R_0+R}$$

$$=1+\frac{R_A}{R_0+R}$$

と求まる.

測定器の内部抵抗を零にしたり無限大にはできないので，測定値は真の値ではなくなる．内部抵抗の影響を小さくして測定するため，零位法を用いて測定器の内部抵抗を見かけ上無限大にして測定する電位差計法がある．この方法は，電圧の精密測定ができるので，電圧標準の維持などの精密計測に用いられる．図5.3にこの測定法を示す．標準電源としては標準電池あるいは直流標準電圧発生器を用いる．すべり抵抗器R_Rのブラシの位置pを0~1で表すと，ブラシを移動していくとある位置で10^{-10}Aの微小電流を測定する**検流計**（galvanometer）に電流が流れなくなり，無限大の内部抵抗を持つ電圧計を接続したのと同じことになる．この状態を**平衡**（balance）という．このとき測定電圧V_xと標準電圧との間には次式の関係が成り立ち，測定回路の状態を乱さずに電圧が測定される．

$$pE_s=V_x \tag{5.5}$$

直流標準電圧発生器は，ツェナーダイオードで発生した標準電圧を電子回路で処理して，1000 mV~1000 Vの電圧を分解能$1\,\mu$V~1 mVで発生できる装置である．

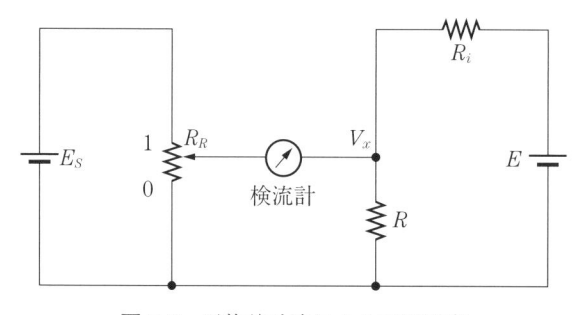

図5.3 電位差計法による電圧測定

検流計の代わりに，増幅器を用いて不平衡時の電圧を検出して増幅し，サーボモータを駆動し，それによって記録ペンをつけたブラシを移動させ平衡をとると同時に記録紙に電圧変化を描くようにした計器が自動平衡記録計である．0.1 mV〜200 V の電圧の測定と記録ができる．増幅器には，直流電圧測定時の**ドリフト**（drift）を避けるために，**チョッパ増幅器**が用いられる．

指示型計器でもディジタル計器でも数 A 以下の電流測定ができる．計器の測定範囲以上の電圧を測定するには，電圧計に直列に既知抵抗を接続し電圧計の内部抵抗と既知抵抗の分圧比から電圧を計算によって求める．電流は，電流計に並列に既知抵抗を挿入し，電流計の内部抵抗と既知抵抗の抵抗値から分流比を求め，電流を計算で求める．

【例題 5.3】 式(5.5) を導け．

〔解答〕 いま，電源 E_S, E の−側を接地して 0 V とする．左側の E_S, R_R の回路を考える．すべり抵抗 pR_R で平衡になったとする．左側の回路を流れる電流を i_S とすると，

$$i_S = \frac{E_S}{R_R}$$

と求まる．pR_R での電位は

$$pR_R \cdot i_S = pR_R \cdot \frac{E_S}{R_R} = pE_S \quad 〔V〕$$

が得られる．右側の E, R_i の回路を考えて，電流を i として，R での電位 V_x は $E = i(R_i + R)$，$V_x = iR$ より

$$V_x = \frac{ER}{R_i + R} \quad 〔V〕$$

と求まり，平衡状態より $pE_S = V_x = \dfrac{ER}{R_i + R}$ が求まる．

5.5 交流電圧の測定

高用周波数の交流電圧の測定には図 5.4 のようにダイオードと可動コイル型計器とを組み合わせた整流方式の計器が用いられる．1〜2 kHz 程度の周波数

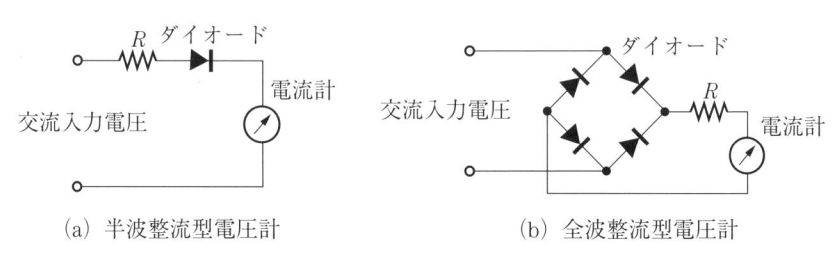

(a) 半波整流型電圧計　　　　　　(b) 全波整流型電圧計

図 5.4　整流型交流電圧計

の交流の測定は，直流電圧の測定と同様にして，可動鉄片型計器などで測定できる．数 kHz 以上の周波数の電圧測定には，電子式電圧計が用いられる．

5.5.1　電子式電圧計

電子式電圧計（electronic voltmeter）は，測定電圧を直流に変換し表示するまでの測定量の処理法で**アナログ式電圧計**（analog voltmeter）と**ディジタル式電圧計**（digital voltmeter）の 2 種類に分類できる．アナログ式電圧計は，交流電圧をダイオードで直流に変換し，電子回路で増幅して指示計器で測定値を表示する電圧計である．電子回路に以前**真空管**（valve）が用いられたことから，真空管電圧計などと呼ばれていたが，現在では半導体素子の増幅器が用いられている．

電子式電圧計を選択するにあたって考慮すべき特性を以下にあげる．

測定可能周波数範囲：数 Hz～2 GHz の周波数が測定できる．

測 定 可 能 電 圧：数 μV～数 100 V の電圧の測定が可能．

測 定 電 圧 の 確 度：測定範囲における感度とも関連する．

入力インピーダンス：入力容量で表すことが多く，数 pF くらい．MHz 帯では 1～10 MΩ，数 10 pF くらい．

電子式電圧計には測定電圧を整流する方法で二つに分類できる．測定電圧をいったん直流に変換し，減衰器を通して適当な大きさにし，チョッパ増幅器で増幅しその出力を指示計器で表示するものと，測定電圧を減衰器で適当に減衰させ交流増幅器で増幅した後，直流に変換し指示計器で表示するものとである．測定電圧を増幅して直流に変換する方式は，広帯域増幅器を必要とするので，

MHz 程度の周波数までの測定に用いられる．

測定電圧を直流に変換する方法は，図 5.5 に示すような方法があり，RC の時定数を測定電圧の周期より大きくすると，それぞれ波高値と両波高値電圧（p–p 電圧）が出力に現れる．実用されている回路は，図 5.5 の回路が容器に収められており，これを **電圧プローブ**（probe）という．出力電圧は，ケーブルで減衰器，増幅器，表示器の収められた本体に接続される．プローブを用いるために，この形式の電圧計を **p 型電圧計** ともいう．

(a) 波高値型　　入力インピーダンス $Z_i = R/2$

(b) 両波高値型　　入力インピーダンス $Z_i = R/3$

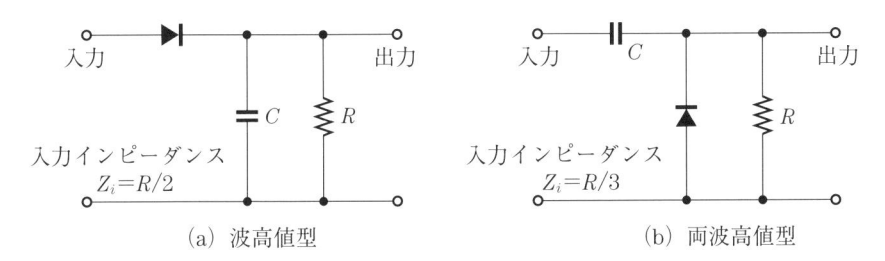

図 5.5 電圧プローブの構成

この方式の電圧計は，プローブを使用しなければ直流電圧の測定ができるので，微少直流電圧計としての機能を備えているものもある．直流を測定するときには，増幅器の入力インピーダンスを帰還により変換する方法を用いる．電圧測定のときには電圧帰還をほどこして入力抵抗を高くした増幅器に測定電圧を入力し，電流を測定する場合には電流帰還をほどこした低入力抵抗の増幅器に測定回路を接続する方式を採用している．この方法で，入力インピーダンス 10 数 kΩ で，数 100 pA の電流が測定できる．

電子式電圧計は，交流・直流変換にダイオードを使用しており，正弦波形で校正し表示が行われるので，ひずみ波形電圧を測定するときには誤差が大きくなる．しかし，数 10 mV 以下の電圧測定では，ダイオードの 2 乗検波特性を用いて，実効値電圧の検出ができる．それ以上の電圧では，波高値が検出できる．

5.5.2　ディジタル電圧計

ディジタル電圧計は，測定電圧を電子回路でアナログ・ディジタル変換（A/

D変換）して計数表示する電圧計である．変換器には，変換速度は速くないがA/D変換期間と同じ周期の雑音の影響を受けない，高精度，高分解能が得られるなどの理由により，おもに2重積分方式アナログ・ディジタル変換器を用いられている．おもな雑音は，電源から混入してくるので，電源周期と異なるA/D変換期間を用いるときには，測定値に対する雑音の影響を考慮する必要がある．

A/D変換では，直流電圧はそのままディジタル変換できるが，交流電圧は平均値応答または実効値応答変換が用いられる．ダイオードを用いた平均値応答では，正弦波以外の波形の電圧測定には誤差が大きくなる．

実効値の応答変換には，測定電圧で抵抗線を熱し，熱電対で直流に変換するサーマル変換方式と測定電圧に2乗平均演算を施す2乗演算回路方式とがある．熱変換する方法は，真の実効値測定が可能で測定帯域が広いが，応答が遅い．演算回路を用いると高速応答測定ができる．演算回路の入力範囲には限界があるので，ひずみ波形を測定するときには，測定可能な波形率の上限に注意することが大切である．波形率0.7程度までのひずみ波形が測定できる．

図5.6は，交流・直流電圧・抵抗測定用のディジタル電圧計のブロック図である．

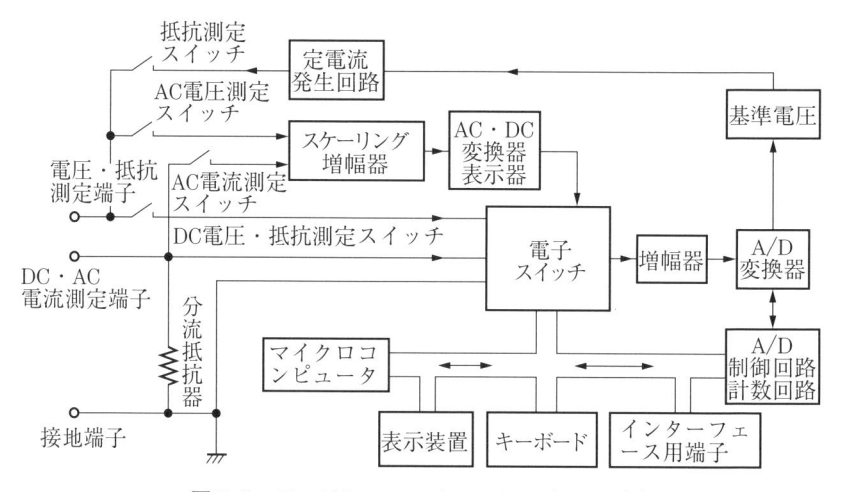

図5.6 ディジタルマルチメータのブロック図

直流定電流源を未知抵抗に接続し，その端子電圧を測定すれば抵抗を求めることができる．ディジタル電圧計は，直流・交流の電圧・電流測定だけでなく，抵抗測定のための直流定電流源を内蔵して直流抵抗の測定も可能なものもある．そのため，電圧，電流および抵抗測定機能をもつものは，ディジタルマルチメータと呼ばれ，高精度の机上用のものから簡易型の手のひらサイズのものまである．ディジタルマルチメータにはマイクロコンピュータが組み込まれているので，測定値の移動平均をとる測定値の平滑化，標準偏差などを始めとする測定値の統計処理もできる．

　ディジタルマルチメータの測定可能範囲は，直流電圧 10 nV～1 kV，電流 10 nA～10 A，交流電圧 1 μV～1 kV，電流 10 nA～10 A，直流抵抗 100 $\mu\Omega$～200 MΩ 程度である．測定可能周波数は，測定確度が読みの数％なら，1 MHz くらいである．

　ディジタル電圧計の選択にあたっては，次の事項を考慮することが大切である．数値は代表例を示す．

入力インピーダンス：直流；電圧測定 10 GΩ～10 MΩ，電流測定 0.01 Ω～110 Ω
　　　　　　　　　　交流；電圧測定 1 MΩ，電流測定 0.01 Ω～110 Ω

測定分解能：直流；0.1 μV～1 μV
　　　　　　交流；10 μV，抵抗 10 $\mu\Omega$

測定値の確度：高確度のもので±｛読みの 0.03％＋1 digit｝くらい，簡易型はこれより劣る．

表示桁数：3 1/2～7 1/2

応答時間：数 10 ms～数 100 ms

コモンモード除去比：微小電圧，電流の測定には大切で，160 dB くらい．

出力端子：測定値のディジタル出力としての GP-IB や BCD 端子やアナログ出力端子の有無

5.6　高電圧の測定

　商用周波数の高電圧の測定では，電圧を印加された静電容量の電極間に働く吸引力を利用して指針を駆動する**静電電圧計**が用いられ，500 kV 程度の電圧

が測定できる．しかし，分流・分圧抵抗器の製作は困難であるから，その代わりに計器用変成器を用いる．これは理想変成器で，1次側の電圧に比例した電圧を2次側に取り出すものを**電圧変成器**（potential transformer），1次側電流に比例した2次電流を得るものを**電流変成器**（current transformer）という．電圧計，電流計は2次側に接続される．

大電流の測定には，**ホール素子**を用いる方法がある．これは，電流を直接測定するのではなく，電流の発生する磁束密度をホール素子でホール電圧 V_h として検出し，次式の関係で電流を求める．

$$V_h = (R_h I / t) B \tag{5.6}$$

ここで，R_h はホール定数，I は素子に流れている電流，t は素子の厚み，B は素子を貫く磁束密度である（ホール素子については電力の測定参照）．

【第5章のまとめ】
1. 交流波形の実効値，平均値，波形率，波高率の定義．
2. 直流と交流の正確な電圧測定．
3. ディジタル電圧計の構成図と測定可能範囲．

練習問題

〔問題 5.1〕 例題 5.1 より,$V_{av} = \frac{1}{T}\int_0^T |A\sin\omega t|dt = \frac{2}{\pi}A$ である.$\frac{1}{T}\int_0^T A\sin\omega t dt$ の場合はどうなるか.

〔問題 5.2〕 振幅 A,周期 2π の方形波の波形率,波高率を求めよ.

〔問題 5.3〕 図 5.1 の可動コイル型指示計器の動作原理について説明せよ.

〔問題 5.4〕 汎用型のディジタルメータで何が測定できるか.

〔問題 5.5〕 図 5.2(b) の電圧測定について,電圧計を接続しないときの電圧と接続したときの電圧との比を求めよ.

〔問題 5.6〕 図 5.5 の電圧プローブの入力インピーダンスを求めよ.ただし,プローブの出力には,入力電圧のピーク値のときにだけ抵抗 R に電流が流れるとする.

〔問題 5.7〕 ディジタル電圧計で電圧測定をするとき,考慮しなければならないことは何か.

〔問題 5.8〕 電子電圧計でひずみ波形の電圧を測定するときに注意すべき点は何か.

6 インピーダンスの計測

6.1 抵抗の測定

測定とは，測定対象と測定するものとの相互作用であるから，測定にともなって測定対象を乱すことになる．正確な測定をするためには，測定するものの測定対象への影響が最も少なくなるようにしなければならない．ある回路素子の直流における抵抗は，その素子の両端子の電圧とそこに流れる電流の比であるから，電流計の内部抵抗を零に，電圧計の内部抵抗を無限大にすれば正確な抵抗が求められることになる．しかし，実際には計測器の内部抵抗を零にしたり，無限大にすることは実現が困難なので，電子回路技術，回路技術を用いて理想に近い測定回路や測定器を実現している．

6.1.1 数字式抵抗計による抵抗の測定

未知抵抗の端子電圧と電流測定により抵抗を求める方法は，計器の接続法で図 6.1 のように二つの方法がある．いずれの場合も，電圧計の内部抵抗が無限大，電流計の内部抵抗を零にすれば正確な抵抗が求められるが，これは理想条件である．実際には，それぞれの計器の内部抵抗をあらかじめ知って，測定値に補正を加えて抵抗を求めている．

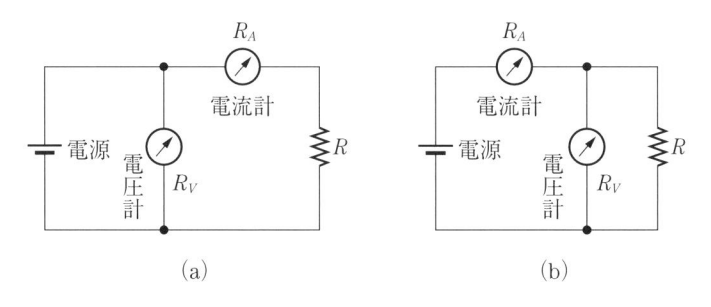

図 6.1 電圧計と電流計による抵抗測定

6.1 抵抗の測定

電子回路を用いれば，理想に近い測定回路が実現できる．図6.2に示す**2端子抵抗測定法**では，定電流源から導線抵抗 R_{11}, R_{12} を通じて測定抵抗 R_x に電流 I_i を流す．電流源の端子電圧 V_0 を電界効果トランジスタを用いた高入力抵抗を持つ演算増幅器などで増幅する．求められた端子電圧 V_0 と定電流 I_i の比から測定抵抗が求められる．

この方法では，測定抵抗値がmΩ程度になってくると導線の抵抗，接触抵抗が無視できなくなり，導線から抵抗に流入する電流にも乱れがあるので，正確な抵抗値の測定が困難になる．これらの影響を除去するためには，図6.3のような**4端子測定法**を用いる．この方法では，定電流源に測定抵抗を接続し，電圧端子を設けて抵抗による電圧降下を高入力抵抗の演算増幅器に加えて測定する．抵抗器の両端の電圧降下を測定しているので，定電流源に接続された導線

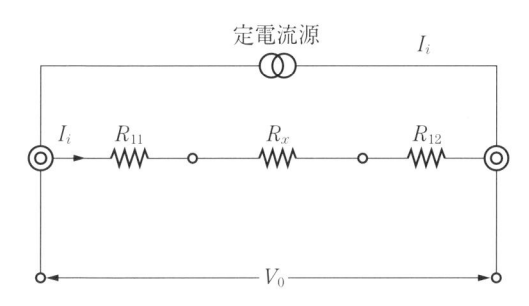

図 6.2 2端子法による抵抗の測定

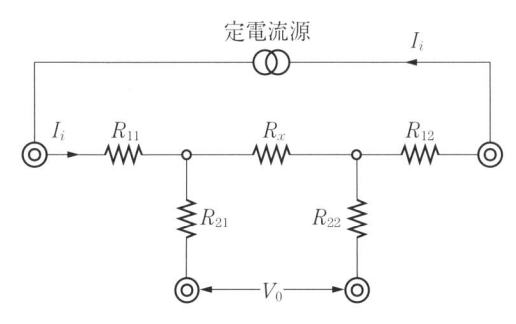

図 6.3 4端子法による抵抗測定

の抵抗は測定値に無関係になる．高入力抵抗の演算増幅器で電圧降下を測定しているので，電圧測定用の導線の抵抗も無視できる．**ディジタルマルチメータ**（DMM）による抵抗測定では，このような測定をしており，測定器内に定電流源と電圧測定用の増幅器，アナログ・ディジタル変換器を備えている（第5章「電圧と電流の測定」参照）．測定抵抗値は $10^{-6}\Omega \sim 10^{16}\Omega$ まで測定可能で，分解能 $1\mu\Omega$ 程度である．

回路試験器（circuit tester）いわゆる**テスタ**は，電圧，電流，抵抗を測定するアナログ方式の簡易測定器であるが，ディジタルマルチメータを簡略化したディジタル方式の回路試験器が取って代わりつつある．

【**例題 6.1**】 図6.2の2端子法により抵抗 R_x を求めよ．

〔**解答**〕 $V_0 = I_i(R_{11} + R_x + R_{12})$ より，

$$R_x = \frac{V_0}{I_i} - (R_{11} + R_{12})$$

と求まる．

6.1.2 ブリッジによる抵抗測定
（1） ホイートストンブリッジ

有限の内部抵抗を持つ電圧計で正確な抵抗測定をする方法に零位法を用いるブリッジがある．図6.4は，**ホイートストンブリッジ**（Wheatstone bridge）を示す．未知抵抗 R_x を測定するには，$R_1 \sim R_3$ を加減して検流計 G に電流が流れない状態をつくる．この状態をブリッジの**平衡**（balance）という．このとき，検流計 G の両端の電位が等しいので，式(6.1)が成り立つ．

$$R_1 \cdot R_2 = R_3 \cdot R_x \tag{6.1}$$

したがって，未知抵抗は式(6.2)となる．

$$R_x = \frac{R_1 \cdot R_2}{R_3} \tag{6.2}$$

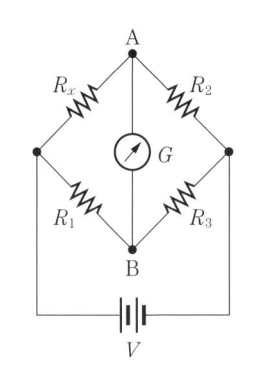

図 6.4 ホイートストンブリッジ

実際のブリッジでは，測定回路から駆動用の電流をとる受動型の検流計は余り用いられず，増幅回路と検流計を組み合わせた**エレクトロニック検流計**が用いられる．電圧感度は $0.2\,\mu\mathrm{V}$/目盛，電流感度 $0.2\,\mathrm{nA}$/目盛程度で，受動型検流計とは違って計器の応答が測定回路の抵抗と無関係なので応答が速い，圧縮回路の使用で広い**ダイナミックレンジ**が得られる，入力抵抗を大きくできるなどの特徴がある．ブリッジの測定可能抵抗範囲は，最高分解能 $10\,\mu\Omega$ で $0.1\sim 100$ MΩ である．

【例題 6.2】 式(6.1) を導け．

〔解答〕 鳳–テブナンの定理を用いて解く．検流計 G の抵抗を R_4 とする．G を取り除いた AB 間の開放電圧 V_0 は

$$V_0 = \text{A 点での電位} - \text{B 点での電位}$$

$$= \frac{R_2 V}{R_x + R_2} - \frac{R_3 V}{R_1 + R_3}$$

となる．次に起電力 V を取り除いて，AB 間の合成抵抗を R_0 とすると，

$$R_0 = \frac{R_x R_2}{R_x + R_2} + \frac{R_1 R_3}{R_1 + R_3}$$

となる．鳳–テブナンの定理より，AB 間に流れる電流 I は

$$I = \frac{V_0}{R_0 + R_4}$$

$$= \frac{(R_1 R_2 - R_3 R_x) V}{R_x R_2 (R_1 + R_3) + R_1 R_3 (R_x + R_2) + R_4 (R_x + R_2)(R_1 + R_3)}$$

となる．これより $I=0$ は $R_1 R_2 = R_3 R_x$ である．

6.1.3 交流ブリッジ

交流のブリッジは，図 6.6 に示すようにブリッジを構成する $Z_1 \sim Z_4$ の 4 個のインピーダンスと検流計，電源からなる点では，直流のホイートストンブリッジと変わらない．

このブリッジの平衡条件は，式(6.3) で表される．

$$Z_1 Z_3 = Z_2 Z_4 \tag{6.3}$$

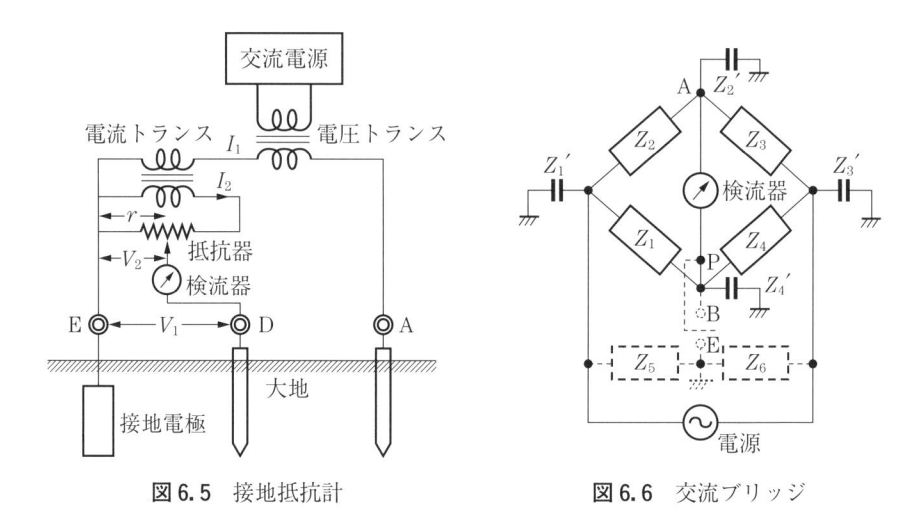

図6.5 接地抵抗計　　　　**図6.6** 交流ブリッジ

　いま，ブリッジを構成するインピーダンスの位相角を θ_n で表すと，インピーダンスと位相角の間には式(6.4)が同時に成り立たなければならない．

$$|Z_1 Z_3| \angle (\theta_1+\theta_3) = |Z_2 Z_4| \angle (\theta_2+\theta_4)$$

$$\therefore \ |Z_1 Z_3| = |Z_2 Z_4|, \ \angle (\theta_1+\theta_3) = \angle (\theta_2+\theta_4) \tag{6.4}$$

交流ブリッジでは，残留インピーダンスがあるとブリッジ電源の基本波とその高調波ではインピーダンスが異なるので，上記の条件を満足しなくなりブリッジは平衡しない．ブリッジの平衡が困難になる原因としては，ブリッジ構成各素子の対地容量や相互結合が異なる，ブリッジの接地点の選択，抵抗を流れる電流とリアクタンスを流れる電流の位相の平衡を取らなければならない，電磁誘導による不要電圧の発生などである．

　残留インピーダンスを少なくするためにブリッジを静電遮蔽する．そのときの残留インピーダンスを図の集中インピーダンス $Z_1' \sim Z_4'$ で示す．いまブリッジにスイッチとインピーダンス Z_5, Z_6 を取り付け，ブリッジの平衡をとる．スイッチを B 側に入れても，E 側に入れても平衡がとれたときには，A, B 点は大地電位になっており，Z_1', Z_3' はそれぞれ，Z_5, Z_6 に含めて平衡をとったことになるので，平衡条件に対地インピーダンスは含まれないことになる．このような接地法を**ワグナー接地**（Wagner earthing）という．

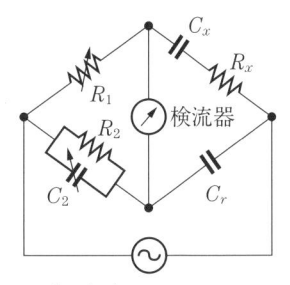

6.1 抵抗の測定

$R_x = (C_2/C_r)R_1$　$\tan\delta = \omega C_2 R_2$
$C_x = (R_2/R_1)C_r$
シェーリングブリッジ

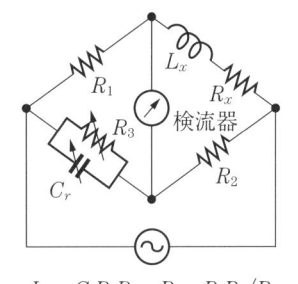

$L_x = C_r R_1 R_2$　$R_x = R_1 R_2/R_3$
マクスウエルブリッジ

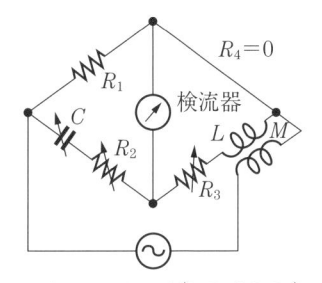

$M = CR_1 R_3$　$L = C(R_1 R_2 + R_2 R_3)$
ただし $L > M$ であること
ケリー・フォスターブリッジ

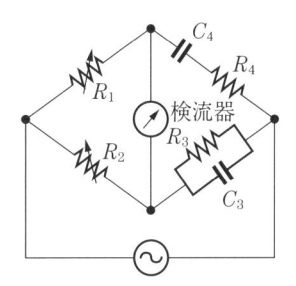

$R_3 = (R_2/R_1)(R_4 + (1/(\omega^2 R_4 C_4^2)))$
$C_3 = (R_1/R_2)(C_4/(1+\omega^2 R_4^2 C_4^2))$
ウイーンブリッジ

図 6.7　いくつかの交流ブリッジ

交流ブリッジには多くの種類がある．そのうちのいくつかを，平衡条件とともに図 6.7 に示す．平衡条件には，周波数の関数になるものとそうでないものとがある．**マクスウエル**（Maxwell）ブリッジは自己インダクタンスの測定に，**ケリー・フォスター**（Carey–Foster）ブリッジは相互インダクタンスの測定に，**シェーリング**（Schering）ブリッジは低損失の静電容量の損失，容量測定に用いられる．**ウイーン**（Wien）ブリッジは，静電容量と抵抗の並列**アーム**（arm）あるいは並列アームを測定素子とすれば，それに対応した素子定数が測定できる．このほかに，ウイーンブリッジは，検流計を取り除きその端子を増幅器の入力に接続し，ブリッジ電源を取り除きその端子に増幅器出力を接続すればウイーンブリッジ発振器として知られている可聴周波数帯からそれ以上

の周波数帯の正弦波発振器となる．発振器の場合には，$C_3=C_4=C$，$R_3=R_4=R$にして用いる．

6.1.4 LCRメータ

商用周波数から数 kHz までの抵抗，インダクタンス，静電容量は，手動調整のブリッジで測定できるが，**自動平衡ブリッジ**である **LCR メータ**で自動測定可能である．これは，図 6.8 に示す変成器ブリッジを基本として，電子化して自動平衡ブリッジとしたものである．変成器ブリッジでは，端子 ab 間の電圧は bc 間の電圧と位相が 180°違っている．G_r, C_r は標準素子，G_x, C_x は測定素子のコンダクタンス，静電容量である．これらがそれぞれ等しいとき，ブリッジは平衡する．図 6.9 の自動平衡ブリッジは，標準素子のコンダクタンス，静電容量に加わる電圧を分離して自動調整するようにしたものである．ブリッジの動作について説明する．試験交流電圧が符号変換器に加えられ位相が反転してその出力が，測定素子に加わる．一方，それぞれの標準素子にも電圧が加わり，それらの出力が，増幅器入力に加えられる．その出力は，同期整流により，コンダクタンス分に相当する 0°成分とリアクタンス分に相当する 90°成分に分離されて検出される．各出力は積分されて，自動利得制御用帰還電圧となり増幅器の利得を制御して，ブリッジを平衡させる．帰還電圧がコンダクタンス，リアクタンス分に比例するので，コンダクタンス，静電容量としてディジタル表示される．積分器は，機械的に利得調整するのと同じ伝達関数を電気的に実現するために挿入してある．利得調整や同期整流は掛け算器で実現できる．

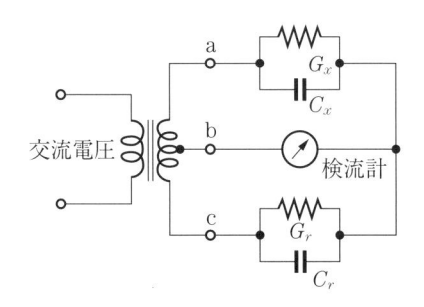

図 6.8 変成器ブリッジ

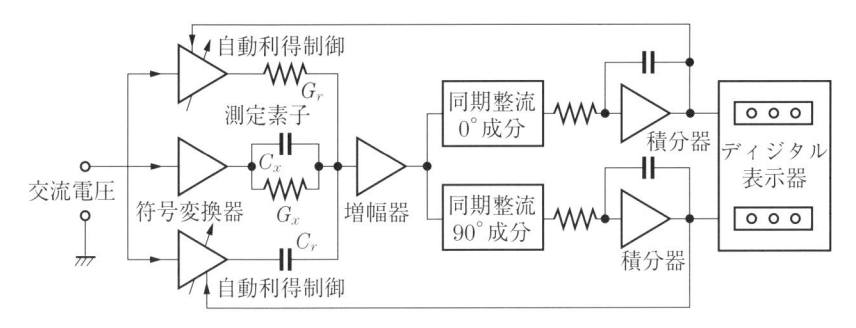

図 6.9 自動平衡ブリッジの構成

6.2 ネットワークアナライザ

　伝送網，増幅器などの高周波特性を測定する機器に**ネットワークアナライザ**がある．図 6.10 にネットワークアナライザの構成を示す．信号源からの信号は，**パワースプリッタ**（power splitter）で分割され，一方は基準信号として，他方は試験信号として用いられる．試験信号は**被測定機器**（**DUT**；device under test）に加えられる．いま測定機器が終端されているとすると，入力端で反射電圧が**方向性結合器**（directional coupler）から取り出され，混合器（ミキサ）に加えられる．ここで，両信号は局部発振器からの信号と混合され，中間周波となり増幅比，位相が測定される．振幅比は，反射係数にあたる量で，位相はその位相角を与える．したがって，反射係数，電圧定在波比，負荷インピーダンスなどが求められることになる．実際には，電圧比は大きいので，対数増幅器を用い数式の演算，測定手順などは組み込みのコンピュータによって処理され，CRT の画面上にスミス図表や周波数・振幅特性などが表示され，そのグラフ上にインピーダンス特性や振幅周波数特性が表示される．通過型の測定機器の特性を測定するには，その機器の入，出力端子に方向性結合器を接続しそれぞれの端子で入射電圧，反射電圧とそれらの位相関係も測定すると，S パラメータを求めることができる．

　ネットワークアナライザでは，反射係数 $|\varGamma_0|$ の対数をとって**リターンロス** **RL** を定義し，それを表示することもできる．

$$\text{リターンロス } RL = -20 \log |\varGamma_0| \tag{6.5}$$

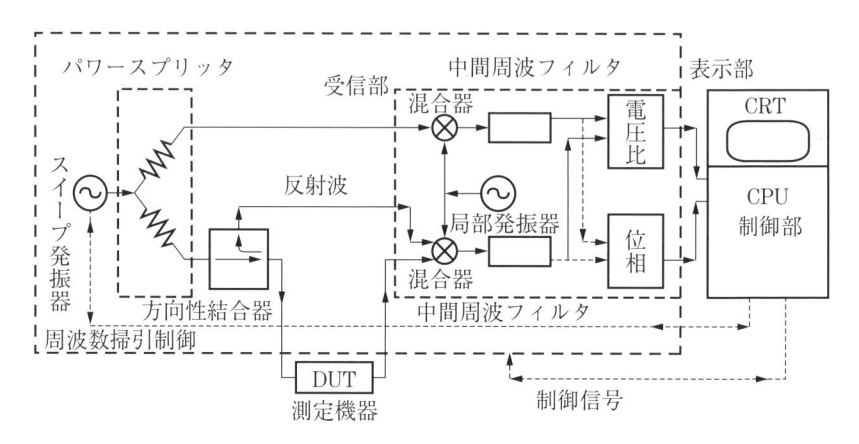

図 6.10 ネットワークアナライザの構成

　数 10 MHz の比較的低い周波数での電子部品，増幅器の回路定数，特性測定に用いられるネットワークアナライザは，測定信号の周波数を掃引し測定電子部品に加わる電圧と電流の位相を測定し，その周波数位相特性をもつ電気回路を仮定し，組み込みコンピュータにより測定値と一致するような定数値を繰り返し計算し，求めるようになっている．電子部品の Q 値も計算によって求められた定数から計算し表示される．増幅器の周波数利得特性，位相特性は増幅器の入出力の電圧比，位相差を測定して CRT のグラフに表示する．

　一般に用いられているネットワークアナライザは，数 100 kHz～20 GHz までの周波数帯の特性の測定が可能である．

【第 6 章のまとめ】
1. 電圧計と電流計による抵抗測定．
2. 各種交流ブリッジによるインピーダンス測定．
3. ネットワークアナライザの構成図と動作原理．

練 習 問 題

〔**問題 6.1**〕 図 6.1(a) において，電圧計の読み V，電流計の読み I としたとき，抵抗 R を求めて，理想的な場合は $R_A=0$ であることを示せ．

〔**問題 6.2**〕 問題 6.1 と同様に，図 6.1(b) において，理想的な場合は $R_V=\infty$ であることを示せ．

〔**問題 6.3**〕 $Z_1=|Z_1|e^{i\theta_1}$, $Z_2=|Z_2|e^{i\theta_2}$, $Z_3=|Z_3|e^{i\theta_3}$, $Z_4=|Z_4|e^{i\theta_4}$ として，式 (6.3) の $Z_1Z_3=Z_2Z_4$ より式 (6.4) を求めよ．

〔**問題 6.4**〕 直流ブリッジの平衡はとれるのに，交流ブリッジの精密な平衡はとりにくい理由を説明せよ．

〔**問題 6.5**〕 図 6.7 のシェーリングブリッジの平衡条件を求めよ．

〔**問題 6.6**〕 LCR メータの動作原理を説明せよ．

〔**問題 6.7**〕 ネットワークアナライザについて説明せよ．

■7 周波数と位相の測定

7.1 精密周波数源とその周波数安定度

　周波数の測定では，測定周波数や周期を標準となる精密周波数源の周波数や周期と比較するのが普通である．精密周波数源には，**ビーム型セシウム原子発振器**のほかに，**水素メーザ，ガスセル型ルビジウム原子発振器，水晶発振器**およびこれらを周波数源とする周波数シンセサイザがある．発振周波数の安定性の尺度である発振周波数安定度は，発振器の動作原理によって異なる．図 7.1 は，商品として現用されている精密周波数源の発振周波数の安定度特性を示す．周波数測定時間（平均化時間）τ が 1 秒以下の短期間では，水晶発振器の周波数安定度が最も良く，次いで水素メーザ，ビーム型セシウム原子発振器，ガスセル型ルビジウム原子発振器の順に悪くなっている．100 s より長い平均化時間での周波数安定度は，水晶発振器のそれが最も悪い．これは，水晶発振器には 10^{-8}/年程度の大きな発振周波数の経時変化があるためである．

　周波数測定は，周波数の安定な発振器を周波数あるいは時刻の基準として測

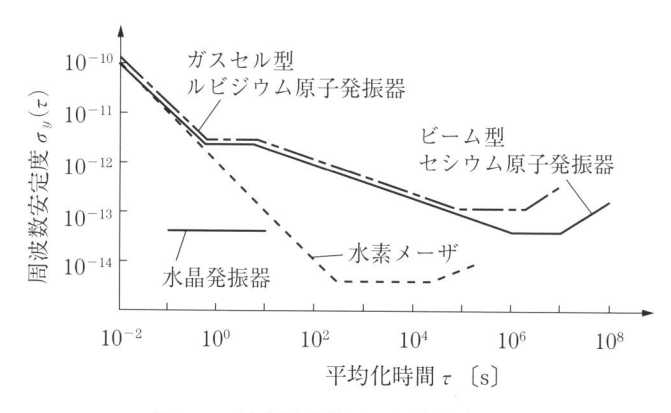

図 7.1 精密周波数源の周波数安定度

定周波数を比較測定するものであるから，常に基準とする発振器を標準電波の周波数で比較校正しておかなければならない．幸い，周波数基準は，標準周波数・時刻放送として放送されているので，この放送を受信し，波の干渉技術を用いて 10^{-11} にも及ぶ精度で，いながらにして国家標準と比較校正することができる．周波数は，干渉技術を用いて比較測定しているので，質量，温度など基本物理量の測定の中でも現在最高の測定精度を保っている．

7.2 周波数カウンタ

周波数計測器には，測定周波数帯によって種々の機器がある．その一つは**吸収型周波数計**で，これは測定回路から発生する電磁界による誘導を利用してLC共振回路に電圧を誘起させ，可変静電容量を変化させて共振電圧の最大値を検出し，そのときの同調容量から逆に共振周波数を求める計器で，数 10 MHz までの周波数が測定できる．マイクロ波帯の吸収型波長計には，空洞共振器が用いられ，空洞内部の端板の位置を変化させ共振電圧を検出し，そのときの共振長から測定周波数を求める．これらは，測定回路から電気エネルギーをとること，測定精度が低いことなどから，新しい測定器にとって代わられている．また，kHz 以下の周波数では，測定信号をパルス列に変換して整流し，その電圧を指示させるアナログ式の周波計もある．

ディジタル技術が発達したので，現在では，測定周波数をディジタル回路で直接計数し，周波数あるいは周期をディジタル量として表示する**ディジタルエレクトロニック周波数カウンタ**（digital electronic frequency counter）が用いられている．これは，略して**周波数カウンタ**とよばれている．

図 7.2 に，周波数カウンタのブロック図を示す．この動作について説明する．内蔵発振器はタイムベースあるいはクロックとも呼ばれ，周波数安定度 5×10^{-10}/日程度の高安定水晶発振器で周波数・周期計測の基準となる 5, 10 MHz などの精密周波数源である．さらに安定度の高い発振器がタイムベースに必要なときには内蔵発振器の代わりに，外部から原子発振器の周波数を周波数カウンタに供給して用いることもできるようになっているのが普通である．

測定信号の波形はさまざまであるから，そのままでは計数回路で計数することはできない．そこで，測定入力信号は，信号自動減衰器に入力され適当に増

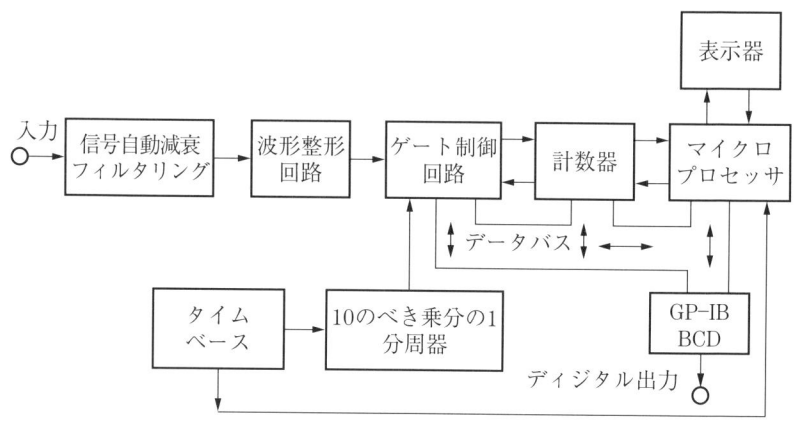

図7.2 周波数カウンタの構成

幅・減衰されたのち，**シュミット回路**を用いた波形整形回路でパルス列に変換される．パルス列は，ゲート制御回路に入る．ゲート制御回路は，計数器へ送られるパルス列の開閉を行う回路である．タイムベースの出力周波数を $1/10^n$ ($n=0,1,2,3,\cdots$) に分周したパルスで開閉の時間を制御する．このパルスを**クロックパルス**という．ゲート回路を出た測定パルス列は計数器で計数される．計数回路は，集積回路などからなるフリップ・フロップなどの2進計数回路で構成されている．これらの一連の操作は，マイクロプロセッサで制御されている．計数結果は，マイクロプロセッサに取り込まれ，**2進数**を**10進数**に変換したのち液晶・発光ダイオードなどの表示器で表示される．2進数出力は，**2進化10進符号**（BCD：binary coded decimal）で出力される．測定結果のデータ処理，周波数カウンタのリモートコントロールなどを考慮して**GP-IB**（general purpose-interface bus）出力端子を備えている．内蔵発振器のクロックパルスは，マイクロプロセッサのクロックとしても供給され，ゲート回路の開閉時間の制御，表示器の表示時間制御，計数器のリセットなどの制御に役立てられる．

周波数カウンタの波形整形回路を動作させうる最低電圧が，周波数カウンタの感度で，この値が小さいほどよい．波形整形回路にはヒステリシス特性があり，この特性が二つのパルス列を識別する限界を与え，測定周波数の一方の上

限になる．計数には，2進数回路を用いるので2進計数回路の計数可能上限周波数が，周波数カウンタの直接計数可能上限周波数を決定する．

周波数カウンタには，計数の方式に起因する本質的な**±1カウント誤差**がある．これは，図7.3のように(a)および(b)同一周波数の2入力パルスがあった場合，測定周波数のパルス列とゲートの開閉時間とのタイミングがずれるために発生する計数値が1だけ異なる現象をいう．この誤差の低減を図るために，計数回路にタイミング差を拡大するアナログ回路を併用して，タイミング差を補間測定するなど種々の考案が加えられている．しかし，ゲートの開閉によりパルス列を計数する現在の方式では，この誤差を0にすることはできない．これが周波数カウンタの最も大きな誤差である．タイムベースの周波数が不安定なときは，ゲートの開閉時間やタイムベースが発生するパルス列の時間が変化し，誤差となる．また，ゲートを開閉させる電圧やゲートそのものの開閉動作電圧がゆらいだときにも誤差が生ずる．入力信号にそれより高い周波数の信号が重畳しているときには，波形整形回路は，重畳した信号で動作するのでその出力のパルス列はゆらぎ，**トリガ誤差**と呼ばれる誤差となるので，あらかじめフィルタにより信号に含まれる高調波分を除去するようにしている．これらの誤差の和が周波数計測の誤差となる．

周波数カウンタのゲートを開・閉する二つの外部信号を伝送する2本の線路の伝送時間に違いがあるときには，伝送線路の遅延時間差が加わった時間が開閉時間となり，系統誤差となる．これは，主として時間間隔測定のときに問題となる．表7.1に，周波数カウンタの性能の例を示す．

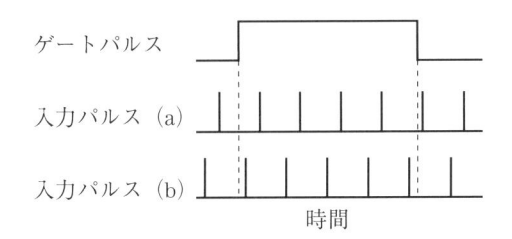

図7.3 ゲートの開閉と入力インパルスのタイミングの違いによる±1カウント誤差

表7.1 カウンタの特性例

エレクトロニック・カウンタ	測定周波数	$5\,\mu\mathrm{Hz} \sim 500\,\mathrm{MHz}$
	ゲート時間	$100\,\mathrm{ns} \sim 1000\,\mathrm{s}$
	時間間隔設定	$10\,\mathrm{ns} \sim 20000\,\mathrm{s}$
ユニバーサル・カウンタ	測定周波数	$0 \sim 100\,\mathrm{MHz}$
	感度	実効電圧 $25\,\mathrm{mV}$
	周期測定	$10\,\mathrm{ns} \sim 10^7\,\mathrm{s}$
	時間間隔	$1\,\mathrm{ns} \sim 10^7\,\mathrm{s}$

7.3 周波数の測定

周波数カウンタの内蔵水晶発振器は，周囲温度変動による発振周波数の変動を少なくするために，振動子を恒温槽に収めている．そのため，周波数カウンタの使用の1時間ほど前にあらかじめ恒温槽のスイッチを投入して，恒温槽が設計温度になるようにしなければならない．

周波数カウンタのゲート回路をクロックパルスにより制御するようにして，入力端子に測定信号電圧を入力し，減衰器で適当な大きさに信号電圧を調節すると周波数が測定される．計数されたパルス数をゲート開閉時間で除すると，求める周波数になり，この演算をカウンタが行いその値を表示器で表示する．計数可能な入力感度は入力インピーダンス $50\,\Omega/1\,\mathrm{M}\Omega$ で，実効電圧 $25\,\mathrm{mV}$ くらいである．直接計数周波数は，波形整形回路と計数回路でその上限が限定され，現在では約 $500\,\mathrm{MHz}$ である．さらに高い周波数を計測するには，測定信号と外部からの信号を2重平衡混合器に送り込み，2信号の差周波数を測定するヘテロダイン法と置換法がある．これらの方法は，主として，マイクロ波帯の周波数計測に用いられる．**ヘテロダイン**（heterodyne）法は，図7.4に示すように，タイムベースあるいは外部高安定周波数源からの周波数 f_r と電圧制御発振器の出力周波数 Nf_r を位相検出器に入力し，電圧制御発振器の周波数を高安定周波数源に**ロック**（lock）し，周波数を安定化する．この出力周波数と測定周波数を混合器で混合し，その差周波数 f_d を計測する．Nf_r と f_d との和が求める測定周波数となる．

置換法では，図7.5に示すように周波数測定系に位相ロックループが組み込

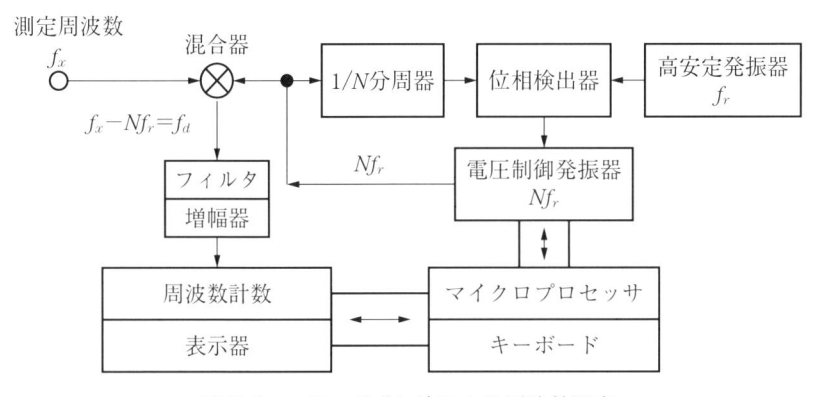

図 7.4 ヘテロダイン法による周波数測定

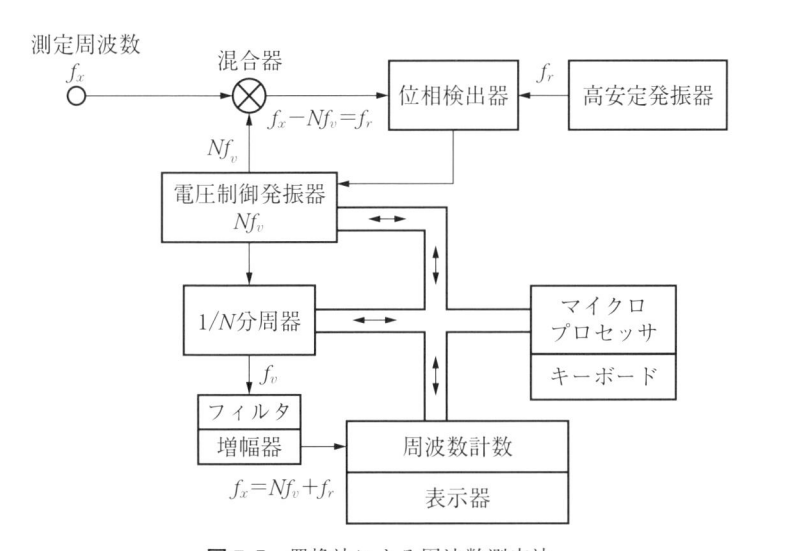

図 7.5 置換法による周波数測定法

まれ，測定周波数と電圧制御発振器の周波数との差周波数が，高安定発振器の周波数にロックされる．測定周波数は，電圧制御発振器の周波数で置き換えられて測定される．

実際の周波数カウンタでは，周波数変換を行う周波数コンバータユニットはカウンタ本体とは別になっていて，測定目的に応じて本体のプラグに挿入する

方式になっており，内蔵マイクロプロセッサにより操作が自動化されている．この方式を用いると，感度-3 dBm で 110 GHz 程度までの周波数測定が可能である．

測定周波数が，たとえば数 kHz 以下の低周波数になってくると，±1 カウント誤差が測定値に大きな影響を与えるようになる．このような場合には，測定周期を測定し，その逆数をとって周波数を求める．周期測定には，周波数測定とは逆に，測定周波数でゲートの開閉を制御し，クロックパルスを計数することにより周期を測定する．このときも±1 カウント誤差が生じるので，クロックパルスが測定期間中安定とすれば，長い周期を測定すると測定誤差が小さくなる．

周波数測定の場合の誤差と周期測定する場合の誤差が等しくなる周波数より低い周波数では，周期を測定しその逆数を自動的に計算して周波数を求め，それ以上の高い周波数では周波数を直接測定し表示する周波数カウンタもある．また計数操作の前に，分周器を用いて常に周期のみを計測してその逆数を演算操作により求め，周波数で表示するレシプロカル方式のカウンタもある．

周期測定と同じ原理を用いて，二つの信号の周波数比を測定することができる．ゲート制御信号の代わりに周波数 f_a の信号でゲートを制御し，周波数 f_b の信号を測定周波数とする．このとき，表示器の計数値は f_b/f_a となり周波数比が測定される．周波数カウンタには，周波数比を測定するための二つの入力端子が設けられているものもある．

7.4 位相の測定

二つの信号 A, B 間の位相差は，**リサジュー法**で測定できる．これは，ブラウン管オシロスコープの水平軸と垂直軸に二つの信号を入力し，ブラウン管面に描かれた図形から両信号の位相角を求めるものである．現在では，モニタとして用いられることがある（10.2.4 項参照）．

位相差は，周波数カウンタでも測定できる．周期測定と同様に，クロックパルスを測定信号とし，信号 A でゲート回路を開き，信号 B で閉じる．次に，クロックパルスの数とクロックパルスのパルス間隔との積を求めると，ゲート開閉時間が測定される．入力信号の周波数と測定された時間から A, B の 2 信

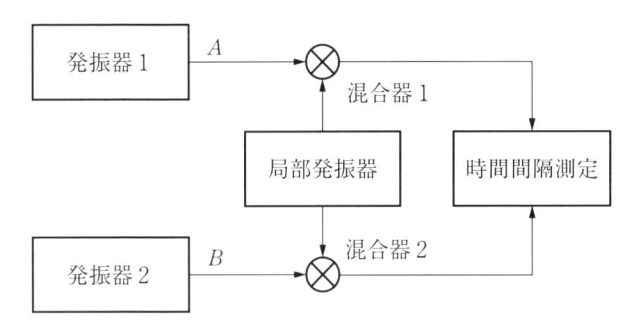

```
┌─────────┐  A       ⊗───────┐
│ 発振器1  │──────────│ 混合器1│
└─────────┘          └───┬───┘
                         │
                    ┌─────────┐    ┌──────────┐
                    │ 局部発振器│    │時間間隔測定│
                    └─────────┘    └──────────┘
                         │
┌─────────┐  B       ⊗───┴───┐
│ 発振器2  │──────────│ 混合器2│
└─────────┘          └───────┘
```

図 7.6　高精度位相測定法

号間の時間間隔すなわち位相差が求められる.

　同一周波数の二つの信号 A, B の位相をさらに精密に測定するには，ヘテロダイン位相差測定技術を用いる．図 7.6 に示すように両信号の周波数とほぼ同じ周波数の局部発振器を設け，それぞれの入力信号と局部発振器の周波数を混合し，低周波の差周波数を取り出す．この二つの信号の位相差を測定する．この方法によると，ピコ秒（ps）の桁の位相差が測定できる．この方法と同様な原理に基づいて，2 信号 A, B の電圧と位相差を同時に測定，表示する計器にベクトル電圧計がある.

　二つの入力周波数がわずかに異なるときには，位相が 1 回転する時間を測定すると，いずれか一方の信号を基準として，他の信号の周波数を精密に測定することができる．この方法は，周波数標準の周波数比較に用いられている.

7.5　周波数安定度

　原子発振器も含めてすべての発振器の発振周波数は一定不変ではなく，変動している．この変動の程度を表す尺度が周波数安定度である．周波数安定度には，時間領域での表示法である **2 標本分散** あるいは **Allan 分散**（アラン分散）と呼ばれるものと周波数領域での表示法である周波数変動の**パワースペクトル密度**で表すものの二つの方法がある.

　Allan 分散について説明する．古典的な分散は式(1.19) で示されるように，

$$V = \frac{\sum_{i=1}^{n}(\bar{x}-x_i)^2}{n-1} = \frac{\sum_{i=1}^{n}(\bar{x}-x[i])^2}{n-1} \tag{7.1}$$

で示される．Allan 分散 V_a は

$$V_a = \frac{\sum_{i=1}^{n-1}(x[i+1]-x[i])^2}{2(n-1)} \tag{7.2}$$

で表される．分母の 2 は**白色雑音**（white noise）で，古典的な分散式(7.1) と同じ結果が得られるために導入された．

【例題 7.1】

$x(1)=99.4$, $x(2)=99.6$, $x(3)=100.2$, $x(4)=99.8$, $x(5)=100.0$ のデータが得られた．古典的な分散と Allan 分散を求めよ．

〔解答〕

古典的な分散は式(7.1) より，平均値 $\bar{x}$ を求めて，

$$\bar{x} = \frac{99.4+99.6+100.2+99.8+100.0}{5} = \frac{499}{5} = 99.8$$

したがって

$$V = \frac{0.4^2+0.2^2+0.4^2+0^2+0.2^2}{5-1} = \frac{0.4}{4} = 0.1$$

が得られる．Allan 分散は式(7.2) より，

$$V_a = \frac{0.2^2+0.6^2+0.4^2+0.2^2}{2\times 4} = \frac{0.6}{8} = 0.075$$

が得られる．

Allan 分散を用いて周波数安定度を得る方法について説明する．

測定周波数の変動分を測定時間 τ で休止することなく無限に測定する．測定時間は，平均化時間と呼ばれる．周波数変動分を公称周波数で規格化し，次式によって Allan 分散を求める．

$$\sigma_y^2(\tau) = <(\bar{y}_{i+1}-\bar{y}_i)^2/2> \tag{7.3}$$

$$\bar{y}_i = [\phi(t_{i-\tau})-\phi(t_i)]/2\pi\nu_0\tau \tag{7.4}$$

7.5 周波数安定度

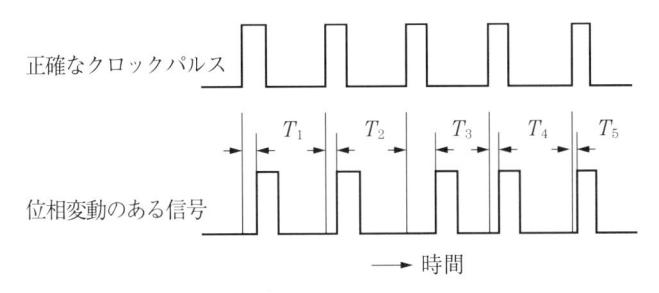

図 7.7 位相変動のある信号と正確なクロックパルス

ここでは，i は i 番目の測定を，＜＞は無限個平均を意味する．ϕ は位相で，式(7.2) の分子は平均化時間 τ での位相変動量となる．ν_0 は，公称周波数である．式(7.3) に基づいた測定と計算は実際には不可能であるから，測定個数を n として式(7.5) を用いている．

$$\sigma_y^2(\tau) = \frac{1}{2(n-1)} \sum_{i=1}^{M} (\overline{y}_{i+1} - \overline{y}_i)^2 \tag{7.5}$$

実際の測定法について述べる．この定義に基づいた尺度で示した周波数安定度が図7.1 である．

周波数領域での周波数安定度の表示法では，規格化周波数変動のパワースペクトル密度とフーリエ周波数との関係を表す方法である．幸い，精密周波数源の周波数変動については，周波数領域の周波数安定度と時間領域の周波数安定度は相互に変換が可能である．

図 7.7 は，正確なクロックパルスと位相変動のあるパルス信号との位相の時間的なゆらぎ $T_1 \sim T_n$ を示す．精密な周波数源の出力信号は，正弦波であるから，実際の位相変動測定では正弦波信号の整数倍の周期とクロックパルスとの位相差を測定する．経過時間と位相変動との関係が測定器の記憶装置に記録される．図 7.8 の点線は，位相変動と経過時間との関係を示す．測定点間の時間が，測定時間 τ にあたる．瞬時周波数 $\nu(t)$ は，式(7.6) のように位相の時間微分で表される．したがって位相変動のない正弦波信号の経過時間と位相との関係は，図7.8 の直線

$$\nu(t) = \frac{1}{2\pi} \frac{d\phi}{dt} \tag{7.6}$$

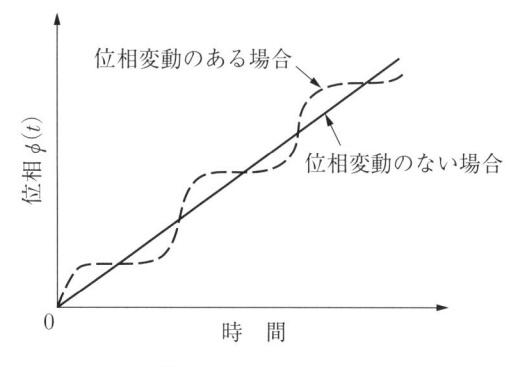

図 7.8 位相変動と経過時間との関係

で表される．

時間領域の周波数安定度は，位相変動測定時間 τ の関数である．測定器に記憶された位相特性から，測定時間 τ の整数倍の測定時間での周波数安定度が式 (7.3) に従って統計処理で求められる．それらは，グラフや表にして表示するようになっている．

【第7章のまとめ】
1. 各種精密周波数源．
2. 周波数測定のための周波数カウンタ．
3. 周波数安定度における Allan 分散．

練習問題

〔問題 7.1〕 周波数カウンタでは，±1 カウント誤差が避けられない．その原因を説明せよ．

〔問題 7.2〕 発振器の周波数安定度は，測定時間（平均化時間）によって異なるのはなぜか．

〔問題 7.3〕 わずかに周波数の異なる 2 台の発振器の周波数を図 7.6 の回路で測定したところ，100 s で位相が 1 回転した．一方の発振器の周波数の周波数を 1 MHz とすれば，もう一方の発振器の周波数はいくらか．

〔問題 7.4〕 図 7.5 の回路で，測定周波数はいくらになるか．

〔問題 7.5〕 $x(1)=10.2$, $x(2)=9.4$, $x(3)=11.1$, $x(4)=9.7$ のデータが得られた．古典的な分散と Allan 分散を求めよ．

■8 電力の測定

電圧 V〔V〕と電流 I〔A〕がわかれば，$P=VI$〔W〕で電力が求まる．したがって，電流計と電圧計を用いれば電力が求まる．また，**電流力計型電力計**（electrodynamometer wattmeter）を用いれば直接電力が求まる．交流回路での電力測定では，たとえば周波数 400 Hz 以下はこの電流計，電圧計，電流力計型電力計で求められるが，400 Hz から 100 kHz までは**電子式電力計**（electronic wattmeter）が使用される．さらに高く，10 MHz までの交流はオシロスコープが用いられ，それ以上 100 GHz までは**カロリメータ**（calorimeter）または**ボロメータ**（bolometer）電力計が用いられる．

8.1 直流回路での電力測定法

直流電力を測定する方法には電圧計と電流計でそれぞれ電圧 V と電流 I を測定して，$P=VI$ で求める**間接測定法**と，電流力計型電力計で測定する**直接測定法**がある．

8.1.1 間接法による電力測定

負荷電圧 V_L と負荷電流 I_L の積で電力 $P_0=V_L I_L$ が求まる．図 8.1(a) のように

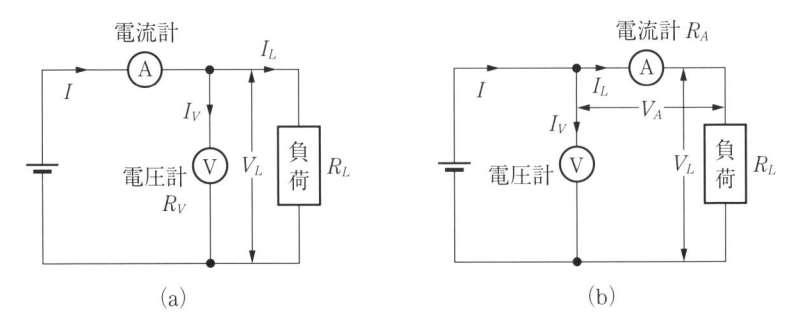

図 8.1 負荷で消費される電力を測定するための電圧計と電流計の接続

電圧計を負荷側に接続する場合と，図8.1(b)のように電流計を負荷側に接続する2通りの方法がある．

図8.1(a)のように電流計の読みを I〔A〕とすると，
$$I = I_V + I_L \tag{8.1}$$
である．したがって，電圧計の内部抵抗を R_V とすると，電力 P_0 は
$$\begin{aligned}P_0 &= V_L I_L \\ &= V_L (I - I_V) \\ &= V_L \left(I - \frac{V_L}{R_V} \right) \\ &= V_L I - \frac{V_L^2}{R_V}\end{aligned} \tag{8.2}$$
となる．ここで，V_L は電圧計の読みで，I は電流計の読みである．式(8.2)からわかるように，電圧計の内部抵抗 R_V による誤差が生ずる．

図8.1(b)のように電圧計の指示を V〔V〕とすると，
$$V = V_A + V_L \tag{8.3}$$
である．したがって，電流計の内部抵抗を R_A とすると，電力 P_0 は
$$\begin{aligned}P_0 &= V_L I_L \\ &= (V - V_A) I_L \\ &= (V - I_L R_A) I_L \\ &= V I_L - I_L^2 R_A\end{aligned} \tag{8.4}$$
となる．ここで，V は電圧計の読みで，I_L は電流計の読みである．式(8.4)からわかるように，電流計の内部抵抗 R_A による誤差が生じる．

【例題8.1】 図8.1(a)と(b)を比較したとき，電圧計の内部抵抗 R_V と電流計の内部抵抗 R_A から生じる誤差が $R_L^2 < R_A R_V$ のときは(b)の回路と比べて(a)の回路の方が誤差は小さい．また，$R_L^2 > R_A R_V$ のときは(a)の回路と比べて(b)の回路の方が誤差は小さいことを示せ．

〔解答〕 図8.1(a)で負荷 R_L で，実際に消費される電力を P_0，電流計と電圧計の読みの積から求まる電力を P とすれば，式(8.2)より

$$P_0 = V_L I_L = V_L I - \frac{V_L^2}{R_V},$$

また $P = IV_L$ より，電力の相対誤差 ε_a は

$$\varepsilon_a = \frac{|P - P_0|}{P_0} = \frac{\frac{V_L^2}{R_V}}{V_L I_L} = \frac{\frac{V_L}{I_L}}{R_V} = \frac{R_L}{R_V}$$

が得られる．同様に図 8.1(b) から，式 (8.4) より

$$P_0 = V_L I_L = V I_L - I_L^2 R_A,$$

また $P = V I_L$ より，電力の相対誤差 ε_b は

$$\varepsilon_b = \frac{|P - P_0|}{P_0} = \frac{I_L^2 R_A}{V_L I_L} = \frac{R_A}{\frac{V_L}{I_L}} = \frac{R_A}{R_L}$$

と求まり，ε_a と ε_b を比較する．

$$\varepsilon_a - \varepsilon_b = \frac{R_L}{R_V} - \frac{R_A}{R_L} > 0 \text{ のとき } R_A R_V < R_L^2 \text{ であり，} \varepsilon_a > \varepsilon_b,$$

$$\varepsilon_a - \varepsilon_b = \frac{R_L}{R_V} - \frac{R_A}{R_L} < 0 \text{ のとき } R_A R_V > R_L^2 \text{ であり } \varepsilon_a < \varepsilon_b \text{ である．}$$

8.1.2 直接法による電力測定

電力を直接測定する方法として，電流力計型電力計が用いられる．この原理図を図 8.2 に示す．

いまこの電流力計型電力計を使って，直流電力を測定する方法について述べる．

図 8.3(a) の場合，R_F が存在するときは，負荷電圧 V_L のほかに，R_F の電圧降下が加わり，電力 P は

$$P = I_L (V_L + I_L R_F)$$
$$= I_L V_L \left(1 + \frac{R_F}{R_L} \right) \tag{8.5}$$

と求められる．

図 8.3(b) の場合，$I_F = I_M + I_L$ より，電力 P は

$$P = (I_L + I_M) V_L$$

8.1 直流回路での電力測定法

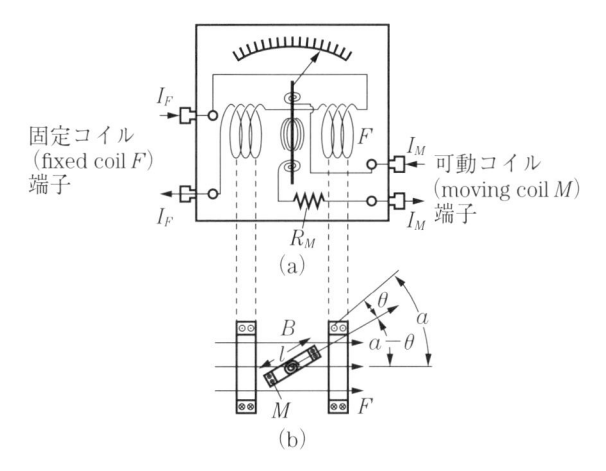

図 8.2 電流力計型電力計の構造

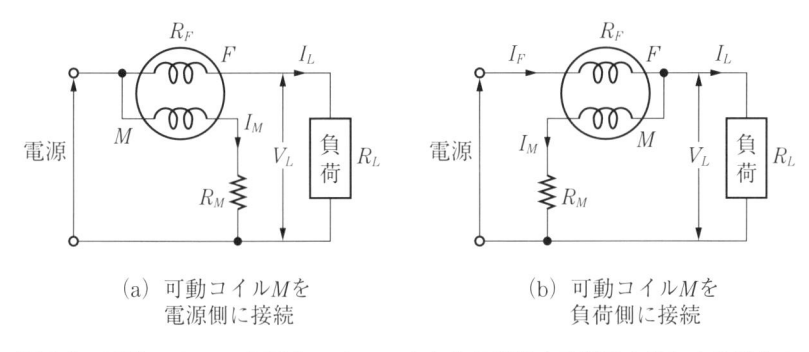

(a) 可動コイル M を
電源側に接続

(b) 可動コイル M を
負荷側に接続

図 8.3 可動コイル M と固定コイル F よりなる電流力計型電力計による電力の測定．R_M と R_F はそれぞれ可動コイル M と固定コイル F の内部抵抗

$$= I_L V_L \left(1 + \frac{R_L}{R_M}\right) \tag{8.6}$$

と求められる．

式 (8.5) と (8.6) からわかるように，R_F/R_L，R_L/R_M の誤差が生じる．したがって，

$$\frac{R_F}{R_L} - \frac{R_L}{R_M} = \frac{R_F R_M - R_L^2}{R_L R_M} \tag{8.7}$$

より,

$$R_F R_M > R_L^2 \text{ のとき, } \frac{R_F}{R_L} > \frac{R_L}{R_M} \text{ で図 8.3(b)の方が誤差は小さい.}$$

また,

$$R_F R_M < R_L^2 \text{ のとき, } \frac{R_F}{R_L} < \frac{R_L}{R_M} \text{ で図 8.3(a)の方が誤差は小さい.}$$

で,さらに

$$R_F R_M = R_L^2 \text{ のとき, } \frac{R_F}{R_L} = \frac{R_L}{R_M} \text{ で図 8.3(a), (b) の誤差は同じである.}$$

【例題 8.2】 図 8.3 において, $R_L=50$ kΩ, $R_F=20$ kΩ, $R_M=10$ kΩ である. 図 8.3(a), (b) どちらの回路の誤差が小さいか.
〔解答〕 $R_L^2=50^2=2500$, $R_F \cdot R_M=20 \times 10=200$.
$R_L^2 > R_F R_M$ より図 8.3(a)の方が誤差は小さい.

8.2 交流回路での電力測定法

8.2.1 単相交流電力測定法

交流の角周波数を ω, 正弦波交流電圧および電流の**瞬時値**(instantaneous value)を $v(t), i(t)$ とする.

$$v = v_m \sin \omega t \tag{8.8}$$

$$i = i_m \sin(\omega t - \varphi) \tag{8.9}$$

と書ける. ここで, v_m, i_m はそれぞれ電圧, 電流の最大値で, φ は電圧と電流の位相差である. この場合電圧の位相は電流より φ だけ進んでいる.

電圧や電流の瞬時差の 2 乗平方根を**実効値**(root mean square value)といい, 式(8.16) の正弦波電圧では, 周期を T として, 実効値 v_rms は

$$v_\mathrm{rms} = \sqrt{\frac{1}{T} \int_0^T v^2 dt}$$

$$= \frac{v_m}{\sqrt{2}} \tag{8.10}$$

と計算される. 同様に電流の実効値は式(8.9) より,

8.2 交流回路での電力測定法

$$i_{\mathrm{rms}} = \sqrt{\frac{1}{T}\int_0^T i^2 dt}$$

$$= \frac{i_m}{\sqrt{2}} \tag{8.11}$$

と計算される．式(8.10), (8.11) を使い，式(8.8), (8.9) を実効値 $v_{\mathrm{rms}}, i_{\mathrm{rms}}$ を用いて表すと，

$$v = \sqrt{2}\, v_{\mathrm{rms}} \sin \omega t \tag{8.12}$$
$$i = \sqrt{2}\, i_{\mathrm{rms}} \sin (\omega t - \varphi) \tag{8.13}$$

と書ける．

交流電力 P は電圧と電流の瞬時値の積の平均値で，式(8.12), (8.13) を用いて，

$$P = \frac{1}{T}\int_0^T vi\, dt$$

$$= v_{\mathrm{rms}} i_{\mathrm{rms}} \cos \varphi \tag{8.14}$$

と書ける．

抵抗とコイルまたはコンデンサのリアクタンスがある場合，**有効電力** (effective power) P は

$$P = v_{\mathrm{rms}} i_{\mathrm{rms}} \cos \varphi \quad [\mathrm{W}] \tag{8.15}$$

と書ける．これは抵抗分で消費される電力である．**無効電力** (reactive power) Q は

$$Q = v_{\mathrm{rms}} i_{\mathrm{rms}} \sin \varphi \quad [\mathrm{Var}] \tag{8.16}$$

と書ける．これはリアクタンス分で消費される電力で，単位の**バール** (Var) は <u>V</u>olts–<u>a</u>mperes–<u>r</u>eactive の略である．**皮相電力** (apparent power) S は電圧計と電流計の読みの積で，

$$S = v_{\mathrm{rms}} i_{\mathrm{rms}} \quad [\mathrm{VA}] \tag{8.17}$$

と書ける．また皮相電力 S は式(8.15) の有効電力，式(8.16) の無効電力を用いて，

$$S = \sqrt{P^2 + Q^2} \tag{8.18}$$

とも書ける．

力率 (power factor) $\cos \varphi$ は

$$\cos\varphi = \frac{P}{v_{\rm rms}i_{\rm rms}} = \frac{P}{S} \tag{8.19}$$

と定義される.

式(8.19)の力率は皮相電力 S のどの程度の割合が有効電力 P になっているかを表すものである.

次に電圧計を3個用いた**3電圧計法**,電流計を3個用いた**3電流計法**による負荷電力 P の測定について述べる.この方法は低周波数で有効で,交流電源の周波数が高くなると,電圧計,電流計のリアクタンスが無視できなくなり誤差が生じる.また,電圧計の内部抵抗は十分高く,電流計の内部抵抗は十分小さくしておかないと,誤差が生じるので注意する必要がある.この3電圧計法,3電流計法は間接法による電力測定であるが,電流力計型電力計を用いた直接法による電力測定についても述べる.

(a) 3 電 圧 計 法

図8.4(a)に示すように,3個の電圧計の読み V_1, V_2, V_3 と既知の抵抗 R から負荷で消費される電力 P を測定する.

負荷電流 $\dot{I}$ は負荷電圧 $\dot{V}_1$ より位相 φ だけ遅れる.R の両端の電圧は $\dot{V}_2 = \dot{I}R$ で $\dot{I}$ と同相である.この関係のベクトル図は図8.4(b)に示してある.したがって,

$$\begin{aligned} V_3^2 &= V_1^2 + V_2^2 - 2V_1V_2\cos(180-\varphi) \\ &= V_1^2 + V_2^2 + 2V_1V_2\cos\varphi \end{aligned} \tag{8.20}$$

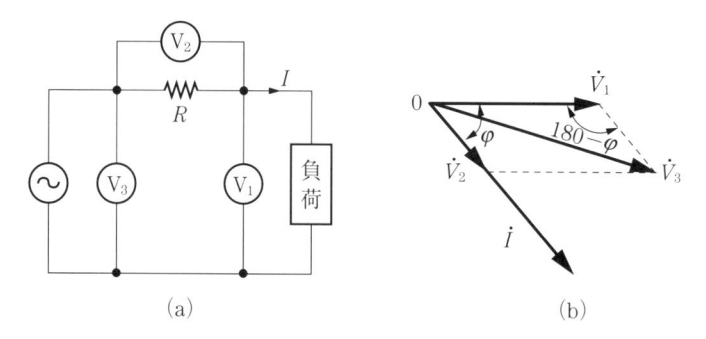

図 8.4　3電圧計法による電力の測定

8.2 交流回路での電力測定法

となる．したがって，交流電力 P は式(8.14)より

$$P = V_1 I \cos\varphi = V_1 \frac{V_2}{R} \cos\varphi \tag{8.21}$$

となるから，式(8.20)と(8.21)から $\cos\varphi$ を消去して，

$$P = \frac{V_3^2 - V_1^2 - V_2^2}{2R} \tag{8.22}$$

と求まる．また力率 $\cos\varphi$ は式(8.20)より，

$$\cos\varphi = \frac{V_3^2 - V_1^2 - V_2^2}{2V_1 V_2} \tag{8.23}$$

と求まる．

(b) 3電流計法

図 8.5(a) に示すように，3 個の電流計の読み I_1, I_2, I_3 と既知の抵抗 R から負荷で消費される電力 P を測定する．

負荷電流 $\dot{I}_1$ は負荷電圧 $\dot{V}$ より位相 φ だけ遅れる．$\dot{I}_2 = \dot{V}/R$ で $\dot{V}$ と同相である．この関係のベクトル図は図 8.5(b) に示してある．したがって，

$$I_3^2 = I_1^2 + I_2^2 + 2 I_1 I_2 \cos\varphi \tag{8.24}$$

となる．したがって，交流電力 P は式(8.14)より，

$$P = V I_1 \cos\varphi = I_2 R \cdot I_1 \cos\varphi \tag{8.25}$$

となるから，式(8.24)と(8.25)から $\cos\varphi$ を消去して，

$$P = \frac{R(I_3^2 - I_1^2 - I_2^2)}{2} \tag{8.26}$$

となる．また力率 $\cos\varphi$ は式(8.24)より

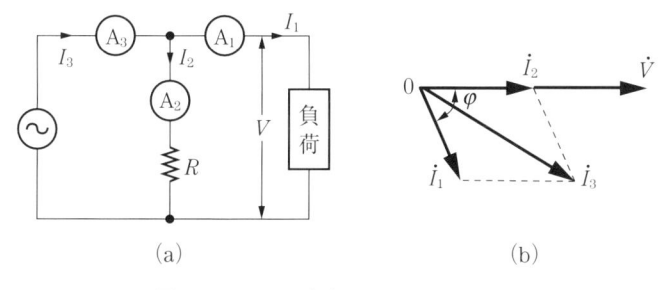

図 8.5 3電流計法による電力の測定

$$\cos\varphi = \frac{I_3^2 - I_2^2 - I_1^2}{2 I_1 I_2} \tag{8.27}$$

と求まる．

【例題 8.3】 $v = 200\sin\omega t$, $i = 10\sin(\omega t - 60°)$ である．この場合，電流は電圧より 90° 遅れている．（1）力率，（2）有効電力，（3）皮相電力，（4）無効電力，（5）無効率を求めよ．

〔解答〕（1） 力率は $\cos\varphi = \cos 60° = 0.5$

（2） 有効電力は $\dfrac{200}{\sqrt{2}} \cdot \dfrac{10}{\sqrt{2}} \cdot \cos 60° = 500\,\text{W}$

（3） 皮相電力は $\dfrac{200}{\sqrt{2}} \cdot \dfrac{10}{\sqrt{2}} = 1000\,\text{VA}$

（4） 無効電力は $\dfrac{200}{\sqrt{2}} \cdot \dfrac{10}{\sqrt{2}} \cdot \sin 60° = 866\,\text{Var}$

（5） 無効率は $\sin 60° = 0.866$

8.2.2 多相交流電力測定法

一般に n 線式の**多相交流回路**の電力，すなわち，n 相電力の測定は $(n-1)$ 個の単相電力計で測定できる．これを**ブロンデル**（Blondel）**の法則**という．

一例として図 8.6 の $n = 3$ の **3 相交流電力**を考える．

この場合図 8.7 に示すように，ブロンデルの法則により，2 個の単相電力計 W_1 と W_2 で測定できる．

3 相交流電力は 2 個の単相電力計で測定できることを以下に示す．

電流は

$$i_1 + i_2 + i_3 = 0 \tag{8.28}$$

となる．3 番目の線を帰線とみなすと，

$$i_1 + i_2 = -i_3 \tag{8.29}$$

となり，最後の 1 線の電流 i_3 が他のすべての電流の帰線となり，独立量とならない．これが 2 個の単相電力計で測定できる理由である．

負荷で消費される電力は

8.2 交流回路での電力測定法

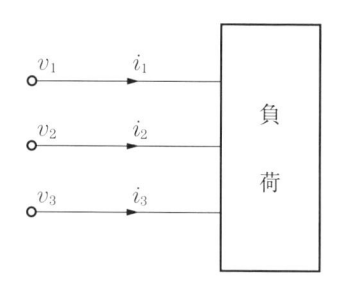

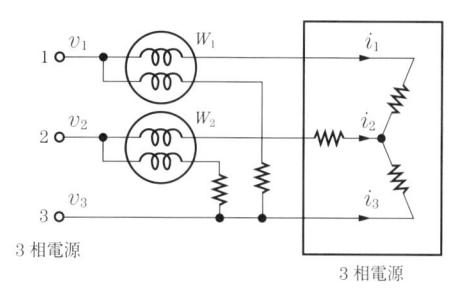

図 8.6 3 相交流電力

図 8.7 2 個の単相電力計 W_1 と W_2 による 3 相交流電力の測定

$$P = \frac{1}{T}\int_0^T i_1(v_1-v_3)dt + \frac{1}{T}\int_0^T i_2(v_2-v_3)dt$$
$$= P_1 + P_2 \tag{8.30}$$

となる．ここで P_1 は電力計 W_1 の読みで，P_2 は電力計 W_2 の読みである．

このように 3 相交流電力は 2 個の単相電力計で測定できる．これを **2 電力計法**という．

いま，平衡 3 相負荷を考える．図 8.7 の端子 1 と 3，2 と 3 の線間電圧を v_{13}，v_{23} として，$v_{13}=v_{23}=v$ とする．また線電流を $i_1=i_2=i$ とする．このとき単相電力計 W_1 と W_2 で消費される電力 P_1 と P_2 は，

$$P_1 = i_1 v_{13}\cos(\varphi+30°)$$
$$= iv\,\cos(\varphi+30°) \tag{8.31}$$
$$P_2 = i_2 v_{23}\cos(\varphi-30°)$$
$$= iv\,\cos(\varphi-30°) \tag{8.32}$$

となる．したがって，負荷で消費される電力 P は

$$P = P_1 + P_2$$
$$= iv\,[\cos(\varphi+30°)+\cos(\varphi-30°)]$$
$$= \sqrt{3}\,iv\,\cos\varphi \tag{8.33}$$

と求められる．

次に式 (8.31) と (8.32) の比をとる．

$$\frac{P_1}{P_2} = \frac{\cos(\varphi+30°)}{\cos(\varphi-30°)} = \frac{\sqrt{3}-\tan\varphi}{\sqrt{3}+\tan\varphi} \tag{8.34}$$

となるから,

$$\tan\varphi = \sqrt{3}\,\frac{P_2-P_1}{P_1+P_2} = \sqrt{3}\,\frac{1-\dfrac{P_1}{P_2}}{\dfrac{P_1}{P_2}+1} \tag{8.35}$$

が得られる.

$$1+\tan^2\varphi = \frac{1}{\cos^2\varphi} \tag{8.36}$$

の関係から式(8.35)と(8.36)より $\tan\varphi$ を消去して,力率 $\cos\varphi$ を求めると,

$$\cos\varphi = \frac{1}{\sqrt{1+3\left(\dfrac{1-\dfrac{P_1}{P_2}}{\dfrac{P_1}{P_2}+1}\right)^2}} \tag{8.37}$$

が得られる.

力率 $\cos\varphi$ と P_1/P_2 の関係のグラフを図8.8に示す.

式(8.37)と図8.8より以下のことがわかる.

負荷が抵抗のみの場合は $\cos\varphi=1$ で $P_1=P_2$,

負荷がリアクタンスのみの場合は $\cos\varphi=0$ で $P_1=-P_2$,

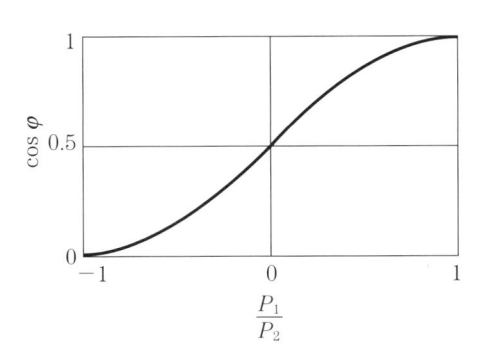

図 8.8 力率と P_1/P_2 との関係

$\cos\varphi > 0.5$ の場合は $P = P_1 + P_2$,
$\cos\varphi < 0.5$ の場合は $P = P_2 - P_1$,
$\cos\varphi = 0.5$ の場合は $P_1 = 0$ で P_2 だけの読みとなる．

8.3 ホール効果による電子式電力計

8.3.1 ホール効果の原理

ホール効果（Hall effect）は 1879 年のアメリカの物理学者 Hall によって発見された効果である．このホール効果は電気・電子計測では重要である．ホール効果はここで述べる電力計やまたは後の第 10 章で述べる磁束計にも用いられる．

図 8.9 に示すように，磁束密度 B の磁界中におかれた導体または半導体に電流 I を流すと，電流と垂直な方向にホール起電力 V_H が発生する．いまこの素子の厚みを d，幅を b，長さを l とする．このとき，**ホール起電力** V_H は

$$V_H = R_H \frac{BI}{d} \tag{8.38}$$

と書ける．ここで，R_H [m³/(A·s)] はホール定数で表 8.1 のような値をもつ．

次に式 (8.38) を導く．いま電子の電荷を q として，この電子が磁束密度 B に直角に v の速度で運動すると，**ローレンツ力**

$$F = qvB$$

が生じる．フレミングの左手の法則により，図 8.9 で電子には力が a 面から b 面の方向に働き，電子は b 面に蓄積される．これによりホール起電力 V_H が生じる．このホール起電力の方向は n 型または p 型のキャリアの伝導に依存する．b 面に蓄積された電子の空間電荷により**ホール電界** E_H を生じる．この電界による力 qE_H は電流 I によるローレンツ力と反対の力である．したがって，この二つの力がつり合ったときに定常状態になる．すなわち，

$$qvB = qE_H \tag{8.39}$$

であるから，

$$E_H = vB \tag{8.40}$$

となる．これからホール起電力 V_H は

$$V_H = E_H b = vBb \tag{8.41}$$

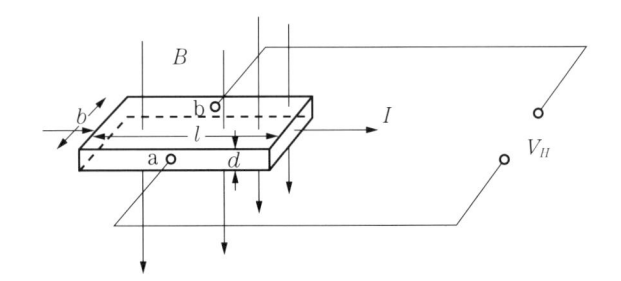

図 8.9 ホール効果

表 8.1 各種材料に対するホール定数

材　料	n 型のホール定数 $[m^3/(A\cdot s)]$
銅	-5.3×10^{-11}
銀	-9×10^{-11}
ビスマス	-5×10^{-7}
シリコン	-10^{-2}
ゲルマニウム	-3.5×10^{-2}
InSb（インジウム・アンチモン）	-6×10^{-4}
InAs（インジウム・ヒ素）	-9×10^{-3}
HgSe（水銀セレン）	-7.36×10^{-6}
HgTe（水銀テルル）	-1.47×10^{-6}

と書ける．ところで電流 I は

$$I = qnvbd \tag{8.42}$$

となる．ここで n は単位体積あたりの電子の数である．式(8.41),(8.42) より vb を消去すると，

$$V_H = \frac{1}{nq}\frac{BI}{d} \tag{8.43}$$

と書ける．式(8.38) と比べて，ホール定数 R_H は

$$R_H = \frac{1}{nq} \tag{8.44}$$

となることがわかる．なお電子の電荷は負なので n 型の場合はホール定数 R_H は負になる．キャリアが正孔の p 型の場合はホール定数 R_H は正である．

8.3.2 ホール効果電力計

ホール効果を用いた電力計の原理は以下の通りである．式(8.38)より，

$$V_H \propto BI \tag{8.45}$$

である．ところで，磁束密度 B が負荷電流 I_L に比例し，

$$B \propto I_L \tag{8.46}$$

となり，電流 I が負荷電圧 V_L に比例し，結局

$$V_H \propto V_L I_L \tag{8.47}$$

で V_H が電力 $V_L I_L$ に比例して測定できる．

いま，図8.10に示すような実際のホール電力計の構成回路を考える．

ホール素子の厚みを d とすれば，式(8.38)より，図8.10の回路で，

$$H_H = R_H \frac{BI_C}{d} \tag{8.48}$$

と書ける．

$$I_C = \frac{V_L}{R} \tag{8.49}$$

で，また磁束密度 B はコイルに流れる電流 I_L に比例するから，比例定数を K として，

$$B = KI_L \tag{8.50}$$

と書ける．式(8.49), (8.50)を式(8.48)に代入して，

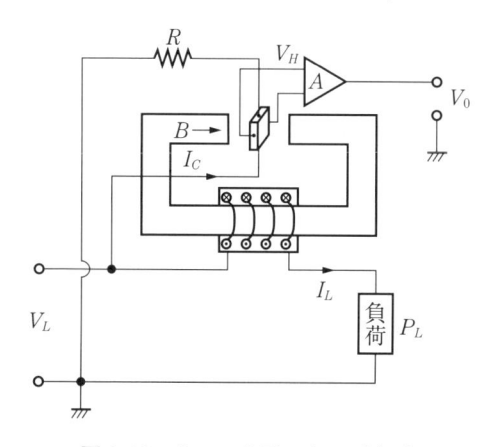

図8.10 ホール素子による電力計

$$V_H = R_H \frac{V_L I_L}{dR} K \tag{8.51}$$

となる．増幅器の増幅度を A として，増幅器の出力を V_0 とすれば，

$$V_0 = AV_H$$

$$= AR_H \frac{V_L I_L}{dR} K \tag{8.52}$$

と書ける．このように V_0 は負荷で消費される電力を

$$P_L = KV_L I_L \tag{8.53}$$

として，これを式(8.52)に代入して，

$$V_0 = KAR_H \frac{P_L}{dR} \tag{8.54}$$

となり，V_0 は P_L に比例して求まる．

8.4 誘導型電力量計

誘導型電力量計（induction type watthour meter）は普通の家庭でみうけられる．図 8.11 に示すように円板の回転数から**電力量**（watthour）がわかる．

電気の仕事 W 〔J〕は電力 P 〔W〕と時間 t 〔s〕で

$$W = P \times t \tag{8.55}$$

で表せるが，これでは小さいのでキロワット〔kW〕×時間〔h〕で表すことが多い．たとえば，1 kW=10^3W，1 h=3600 s なので，

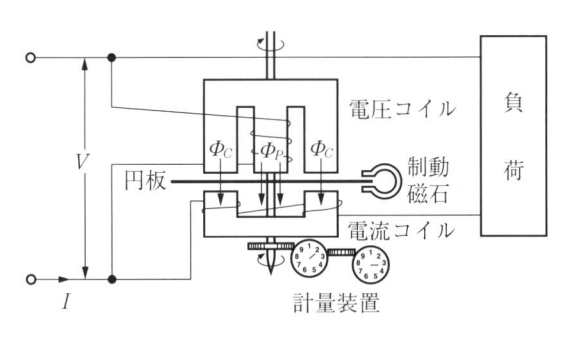

1 kWh=10^3W×3600 s=3.6×10^6J

図 8.11 誘導型交流電力量計

である．

たとえば，100 V，10 A の電熱器を毎日 2 時間 30 日間使用したときの電力量は

$$W = 100\text{ V} \times 10\text{ A} \times 2\text{ h} \times 30 = 60000\text{ Wh} = 60\text{ kWh}$$

となる．

8.5 高周波での電力測定

いままで述べてきたように，数 kHz までの**可聴周波数**（audio-frequency）領域での電力測定では，負荷抵抗 R_L に流れる電流 i_L，または負荷抵抗 R_L にかかる電圧 v_L を測定することにより，電力 P は $P = i_L^2 R_L = v_L^2 / R_L$ から求められた．しかし，それより高周波になると，線路上の位置によって，電圧，電流値が等しくならないのが普通であるから，電流，電圧の定義が難しくなり，たとえば，10 MHz から 100 GHz までの周波数バンドでは**カロリメータ電力計**（calorimeter power meter）または**ボロメータ電力計**（bolometer power meter）が用いられる．

8.5.1 カロリメータ電力計

この方法は図 8.12 に示すように，高周波電力を抵抗 R で熱に変換して電力を測定する方法である．

入口から水を流し，負荷抵抗 R で熱せられて出口から出るとき温度が Δt〔℃〕だけ上昇したとする．そのとき，電力 P は

$$P = 4.2\, Qc\Delta t \text{〔W〕} \tag{8.56}$$

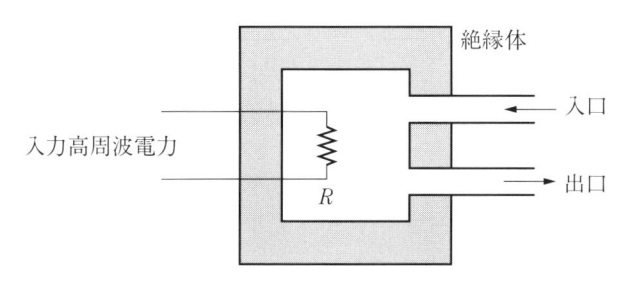

図 8.12　基本的なカロリメータ電力計

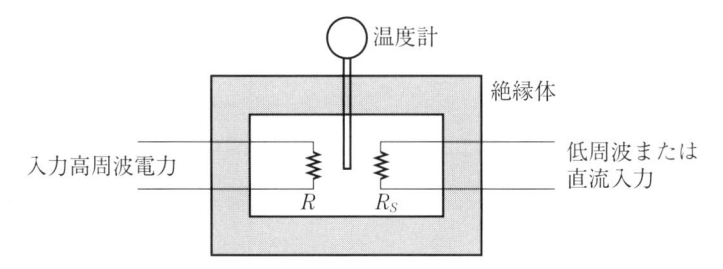

図 8.13　置換法による基本的なカロリメータ電力計

と求まる．ここで Q：流量〔g/s〕，c：比熱〔cal/(g℃)〕である．しかしこの方法では流量 Q，比熱 c を正確に知ることが難しいので次の図 8.13 の置換法を用いる．

まずはじめに高周波入力だけで水の温度上昇 Δt〔℃〕を測定する．次に高周波を切り，水を新しく入れ換えて，校正用ヒータ R_S を低周波または直流電力により加熱し，高周波入力のみで上昇した温度差 Δt に等しくなったときの低周波あるいは直接電力が高周波電力に等しくなる．このように，高周波電力は水の温度上昇により低周波または直流電力から求められる．

8.5.2　ボロメータ電力計

ボロメータ素子として，**バレッタ**（barretter）と**サーミスタ**（thermistor）がある．バレッタは金属線または金属薄膜でつくられていてその抵抗の温度係数は正である．すなわち，温度が高くなるにつれて抵抗も高くなる．サーミスタは半導体からできている材料で，負の温度係数をもつ．すなわち，温度が高くなるにつれて抵抗が低くなる．図 8.14 にボロメータ電力計の原理図を示す．このボロメータ素子をホイートストンブリッジの一辺に入れる．

ボロメータに高周波をあてない状態で直流電流をボロメータ素子に流してブリッジの平衡をとる．このときの直流電流を I_0 とする．次に高周波をボロメータ素子にあてて再びブリッジの平衡をとる．このときの直流電流を I_1 とする．高周波電力を P とすると，

$$\left(\frac{I_0}{2}\right)^2 R = P + \left(\frac{I_1}{2}\right)^2 R \tag{8.57}$$

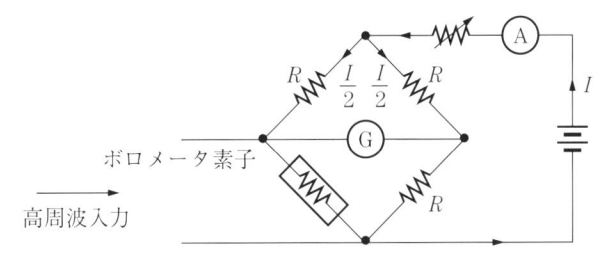

図 8.14 ボロメータ素子を用いたブリッジ回路による電力計

と書けるから，この式より高周波電力 P は

$$P = \frac{R}{4}(I_0^2 - I_1^2) \tag{8.58}$$

と求まる．

8.6 スマートメータによる電力測定

今まで述べてきた，機械式電力量計や電子式電力量計は，検針員が直接，一か月に一度，各家庭を回って，電力メータの数字を読み，電気料金を算出している．現在，日欧米で進められているスマートメータ (smart meter) による電力量計の場合は，データは直接，無線通信によって電力会社に送られ，30分ごとに電気量が表示される．異常を検知した場合，その家庭に連絡して，安全性，効率化が図られる．このようにスマートメータの場合，ユーザ側と供給側の双方向通信により，最適化を図ることを，スマートグリッド (smart grid) と言う．従来の電力計は計量部と端子部が一体となっているが，スマートメータでは，計量部と端子部が分離されていて，通信機を装備して，双方向通信が可能である．

【第8章のまとめ】
1. 直流および交流回路での電力測定．
2. 3相および多相交流電力測定．
3. ホール効果を用いた電力計．
4. スマートメータによる電力測定．

練習問題

〔問題 8.1〕 図 8.1(a) において,電圧計の内部抵抗 R_V が無限大の場合と 50 kΩ の場合の電力を求めよ.ただし電圧計の読みが 50 V で,電流計の読みを 0.1 A とする.

〔問題 8.2〕 図 8.1(b) において,電流計の内部抵抗 R_A が 0Ω の場合と 10Ω の場合の電力を求めよ.ただし電圧計の読みを 30 V で,電流計の読みを 0.5 A とする.

〔問題 8.3〕 図 8.1 (a), (b) において,$R_V = 50$ kΩ,$R_A = 10$Ω,$R_L = 200$Ω のとき,どちらの測定の誤差が小さいか.

〔問題 8.4〕 図 8.3 (a), (b) において,$R_L = 20$ kΩ,$R_F = 20$ kΩ,$R_M = 30$ kΩ であった.どちらの回路が誤差は小さいか.

〔問題 8.5〕 $v = 100 \sin \omega t$,$i = 5 \sin(\omega t - 30°)$ のとき,電流は電圧より 30° 進んでいるか,遅れているか.

〔問題 8.6〕 問題 8.5 での力率,有効電力,皮相電力,無効電力,無効率を求めよ.

〔問題 8.7〕 比較的低い周波数における電力の測定方法として,3 個の電流計を用いる 3 電流計法がある.この原理について述べよ.

〔問題 8.8〕 式 (8.34) を証明せよ.

〔問題 8.9〕 ビスマスを用いてホール起電力を測定したい.ビスマスの厚みを 1 μm として,磁束密度 0.1 Wb/m²,電流 10 mA を流したときのホール起電力 V_H を図 8.9 および式 (8.38) から求めよ.

〔問題 8.10〕 図 8.12 で高周波電力を測定した.温度差が 12℃ で,水の循環量は 0.8 g/s であった.このときの高周波電力を求めよ.

9 磁気測定

磁性材料はエレクトロニクスの分野で広く使われている．この章ではこれら磁性材料とその磁界，磁束，磁化率を測定する方法について述べる．

磁界は基本的には磁束密度 B と磁界の強さ H によって定義される．それらはお互いに磁性材料の透磁率 μ と関係していて，$\mu = B/H$ である．なお真空中では $\mu = \mu_0 = 4\pi \times 10^{-7}$ H/m である．

9.1 磁束の測定

磁束を測定する方法として(1) **衝撃検流計** (ballistic galvanometer)，(2) **電子磁束計** (electronic fluxmeter)，(3) **ホール効果** による方法がある．

図 9.1 において磁束密度 B は

$$B = \frac{R}{kNA} \theta_m \tag{9.1}$$

と求まる．磁束 Φ はこの磁束密度に断面積 A をかけて求められる．

ここで k は検流計の衝撃定数で，θ_m は検流計の最大の振れである．

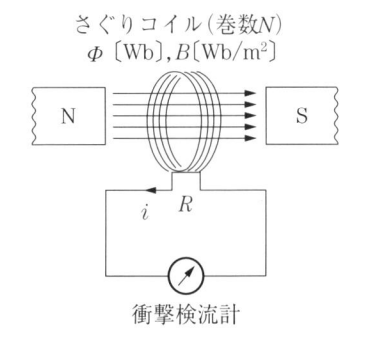

図 9.1 さぐりコイルと衝撃検流計を用いた磁束の測定

【例題 9.1】 式(9.1) より，衝撃定数の k の次元が k〔rad/C〕であることを示せ．

〔**解答**〕 磁束密度 B の次元が B〔Wb/m^2〕$=B$〔v·s/m^2〕，抵抗 R の次元が R〔Ω〕$=R$〔V/A〕，面積 A の次元が A〔m^2〕，最大の振れ角 θ_m の次元が θ_m〔rad〕，これを式(9.1) に代入すると

$$k\text{〔rad/(A·s)〕} = k\text{〔rad/C〕}$$

が得られる．

9.1.2 電子磁束計を用いた磁束の測定

電子磁束計は図 9.2 に示すように，さぐりコイルと積分器から構成されている．

さぐりコイルの巻き数を N，断面積を A とする．電磁誘導により，磁束 Φ の変化により電圧 V_1 が生じる．

$$V_1 = -N\frac{d\Phi}{dt} = -NA\frac{dB}{dt} \tag{9.2}$$

コイルの断面積 A が大きく，巻き数 N が十分大きいと，この電子磁束計の感度が高くなる．

この積分器の出力 V_0 は

$$V_0 = -\frac{1}{RC}\int V_1 dt \tag{9.3}$$

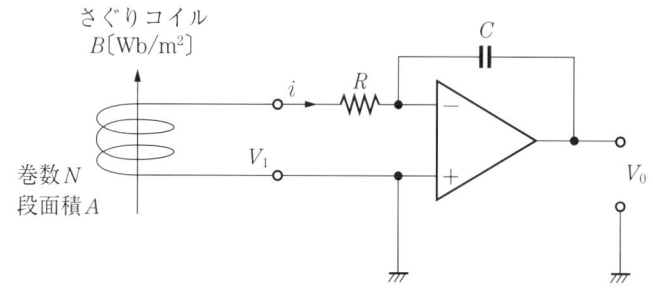

図 9.2 さぐりコイルと積分増幅器を用いた磁束の測定

と書ける．

式(9.2)のV_1を式(9.3)に代入すれば，

$$V_0 = \frac{N}{RC}\Phi \tag{9.4}$$

となり，このように出力電圧V_0はΦに比例する．出力には磁束Φに比例するメータが接続してあり，直接Φの値がわかるようになっている．磁束密度BはΦを断面積で割れば求まる．この磁束計は10^{-3}から1 Wbまで磁束測定が可能である．

9.1.3 ホール効果による磁束の測定

第8章の8.3節でホール効果について述べた．図8.9でホール起電力V_Hは

$$V_H = R_H \frac{BI}{d} \tag{9.5}$$

と書けた．ここで，ホール定数R_H，素子の厚みdは定数なので，電流Iを一定にして流せば，ホール起電力V_Hは磁束密度Bに比例する．したがって，V_Hを測定すれば磁束密度Bが測定でき，この磁束密度に素子の断面積をかければ磁束Φが求まる．

9.2 磁性材料の磁化特性の測定

磁性材料中の磁束密度B〔Wb/m^2〕と磁界の強さH〔A/m〕の関係を表す曲線を**磁化特性（B-H曲線）**という．たとえば**軟磁性材料**（soft magnetic materials）のB-H曲線を描くと図9.3のようになる．

図9.3からわかるように，B-H曲線は**正規磁化曲線**（normal magnetization curve）と**ヒステリシスループ**（hysteresis loop）からなる．B_rは$H=0$のときのBの値で**残留磁気**（residual magnetism），H_cは$B=0$のときHの値で**保磁力**（coercive force）とよばれる．軟磁性材料の場合$B_r=0.1$〔Wb/m^2〕，$H_c=20$〔A/m〕程度で，$B_m=1.5$〔Wb/m^2〕で飽和するがそのときの磁界の強さは$H_m=300$〔A/m〕程度である．初透磁率μ_2は正規磁化曲線の最初の傾斜より次のように求める．

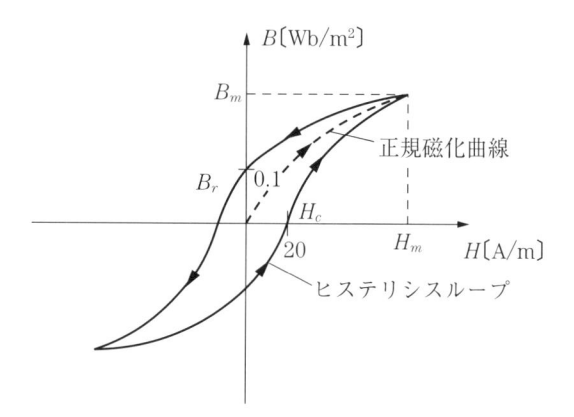

図 9.3　軟磁性材料の B–H 曲線

$$\mu_2 = \left[\frac{dB}{dH}\right]_{H=0} \tag{9.6}$$

また最大透磁率 μ_m は正規磁化曲線の最後の傾斜より

$$\mu_m = \left[\frac{dB}{dH}\right]_{H=H_m} \tag{9.7}$$

として求められる．

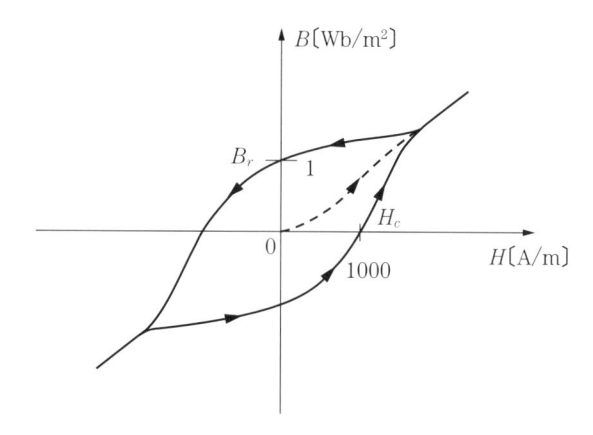

図 9.4　硬磁性材料の B–H 曲線

次に図 9.4 に**硬磁性材料**（hard magnetic materials）の B–H 曲線を示す．
硬磁性材料では残留磁気 B_r は 0.4～1.6〔Wb/m²〕で，保持力 H_c は 200～1500〔A/m〕程度である．

図 9.3，図 9.4 のヒステリシスの面積より，直流の場合は鉄心の**ヒステリシス損**，交流の場合は鉄心の**うず電流損**が求まる．

以下直流による B–H 曲線，交流による B–H 曲線の求め方について述べる．

9.2.1　環状試料を用いた直流磁化特性の測定

磁化特性を得るとき，図 9.5 に示すように環状試料を用いる．棒状の試料を用いる場合無限長にしないと試料内の磁束密度は一様にすることはできない．なぜなら，有限長だとその端部に磁極ができてしまうからである．環状試料を用いると磁束密度は一様になる．この環状試料と衝撃検流計を用いて B–H 曲線を得る方法が図 9.5 である．なお，環状試料には巻数 N_1 の 1 次コイルと巻数 N_2 の 2 次コイルを巻く．

測定を始める前に環状試料の残留磁気を消去しなければならない．そのために以下の消磁方法をとる．

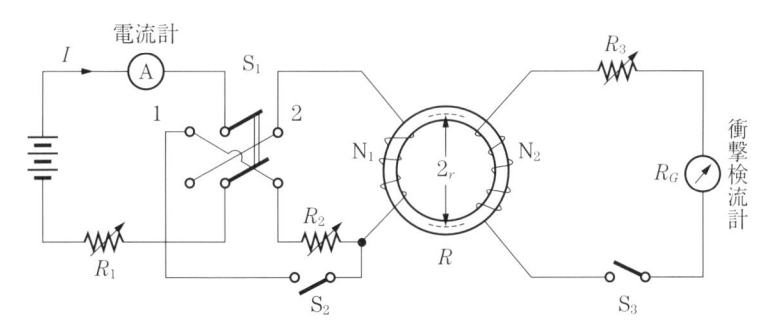

図 9.5　環状試料を用いた直流磁化特性の測定

まず衝撃検流計をつないだ状態でスイッチ S_3 を開き，右側 2 次コイルをオープンにしておく．この状態でスイッチ S_1 を 1 または 2 に倒して電流の向きを何回か反転させる．同時に初期磁化電流 I を可変抵抗 R_1 によって徐々にゼロにする．これで残留磁気が消去できた．

次に B–H 曲線の求め方を説明する．図 9.5 のように衝撃検流計を接続して，

左側1次コイル側のスイッチを1, 2と反転させる．このとき環状試料内を通る磁束の変化は2Φとなる．すなわち，磁束密度Bも2倍変化する．したがって，このときの衝撃検流計の最大の振れをθ_mとすれば

$$B=\frac{R}{2kN_2A}\theta_m, \quad R=R_3+R_G \tag{9.8}$$

である．ここでkは衝撃検流計の衝撃定数である．Aは環状試料の断面積である．

また環状試料内の磁界の強さをH〔A/m〕とすれば，**ビオ・サバールの法則**（Biot–Savart law）により，

$$\oint Hds=N_1I \tag{9.9}$$

となるから，

$$H\cdot 2\pi r=N_1I \tag{9.10}$$

で

$$H=\frac{N_1}{2\pi r}I \tag{9.11}$$

と求まる．

R_1の抵抗を変化させて電流Iを変化させれば式(9.11)よりHが求まる．

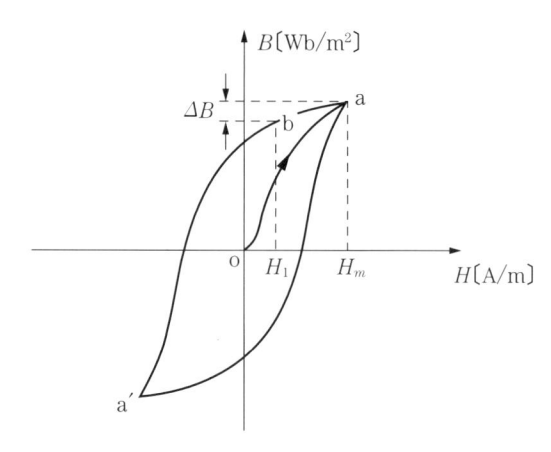

図9.6 衝撃検流計を用いたB-H曲線の求め方

同時にこのときの衝撃検流計の最大の振れ θ_m より式(9.8)から B が求まる．このように電流 I を変えて H, B が求まるから図9.6の正規磁化曲線 oa が求まる．すなわち S_2 を閉じて S_1 を1に倒して S_3 を閉じ，磁界 H が最大値 H_m になるように電流 I を定める．このようにして a 点が定まる．次に S_2 を開くと電流 I は減少し，磁界も減少し H_1 になる．この点を b とする．このときの衝撃検流計の振れから ΔB なる磁束密度の変化が測定される．次に再び状態を a 点に戻し，I を変化させて同様の測定を繰り返せばヒステリシスループ aa′a が得られる．

9.2.2 透磁率計を用いた直流磁化特性の測定

前項9.2.1項の環状試料では試料を環状にしなければならないので大変である．図9.7の**透磁率計法**（permeameter method）は棒状，板状試料を用いる．試料の両端部の磁力を減ずるために，両端部を高透磁率の継鉄で短絡し，両端部に補償コイルを用いる．このようにすると，無限長の棒状または板状試料と等価となる．

いま R を継鉄の磁気抵抗，R_s を継鉄と試料との接触面の磁気抵抗，R_0 を試料の磁気抵抗とする．磁化コイルの巻き数を N，それに流す電流を I，試料の長さを l，断面積を A，透磁率を μ とする磁路内の磁束 Φ は以下のように求まる．

透磁率計の等価回路を図9.8に示す．

図9.8より

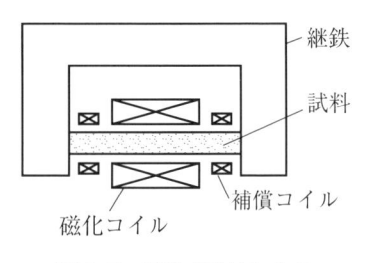

図9.7 透磁率計法による磁化特性の測定

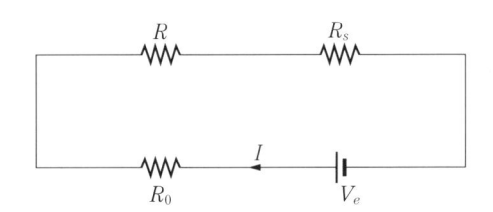

図9.8 透磁率計の等価回路

$$I = \frac{V_e}{R_0 + R + R_s} \tag{9.12}$$

が求まる．

ここで,

$$I \to \Phi \quad [\text{Wb}]$$
$$V_e \to NI \quad [\text{A·T}] \tag{9.13}$$
$$R_0 \to \frac{l}{\mu A} \quad [\text{H}^{-1}]$$

と書き換えて，磁束 Φ は

$$\Phi = \frac{NI}{\frac{l}{\mu A} + R + R_s} \tag{9.14}$$

と求まる．磁束密度 B は

$$B = \mu H = \frac{\Phi}{A} \quad [\text{Wb/m}^2] \tag{9.15}$$

と書けるから, H は

$$H = \frac{\Phi}{\mu A} \tag{9.16}$$

となる．

式(9.14), (9.16) より Φ を消去して, H は

$$H = \frac{NI}{l + \mu A (R + R_s)} \quad [\text{A/m}] \tag{9.17}$$

と求まる．

$$l \gg \mu A (R + R_s) \tag{9.18}$$

なので式(9.17) は近似して

$$H = \frac{\frac{NI}{l}}{1 + \frac{\mu A (R + R_s)}{l}} \fallingdotseq \frac{NI}{l} \left(1 - \frac{\mu A (R + R_s)}{l}\right)$$

9.2 磁性材料の磁化特性の測定

$$= \frac{NI}{l} - \frac{NI\mu A (R+R_s)}{l^2} \tag{9.19}$$

と書ける．補償コイルを用いて式(9.19)の右辺の第2項を打ち消して，

$$H = \frac{NI}{l} \tag{9.20}$$

と求めることができる．これは式(9.20)で $l=2\pi r$ と置けば式（9.11）と全く同じである．このようにして有限の棒状または板状試料を用いて環状試料と同じ条件を作り出すことができる．

9.2.3 オシロスコープを用いた交流磁化特性の測定

オシロスコープを用いて環状試料のヒステリシスループを観測することができる．図9.9にその原理図が描いてある．

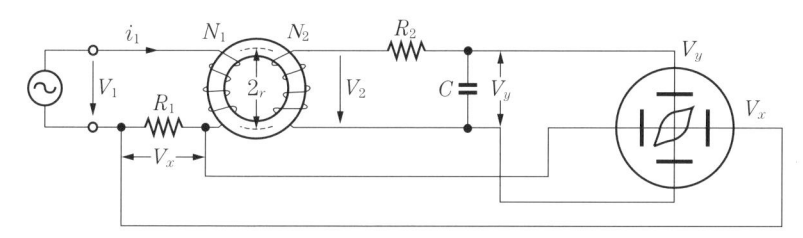

図9.9 オシロスコープを用いた交流磁化特性の測定

電流 i_1 が1次側のコイルに流れ環状試料を磁化する．抵抗 R_1 で電圧降下 V_x が生じる．

$$V_x = i_1 R_1 \tag{9.21}$$

ところで，

$$H = \frac{N_1 i_1}{2\pi r} \tag{9.22}$$

より，式(9.21),(9.22)より i_1 を消去して，

$$V_x = \frac{2\pi r R_1}{N_1} H \tag{9.23}$$

が得られる．

2次側コイルには環状試料の磁束の変化に比例して電圧 V_2 が生じる．すな

わち，

$$V_2 = -N_2 \frac{d\Phi}{dt} \tag{9.24}$$

である．また V_y は R_2 と C の積分回路から，

$$V_y = -\frac{1}{CR_2}\int V_2 dt \tag{9.25}$$

が得られる．

式(9.24), (9.25) より V_2 を消去して，

$$V_y = \frac{N_2}{CR_2}\int \frac{d\Phi}{dt} dt$$

$$= \frac{N_2}{CR_2}\Phi \tag{9.26}$$

と求まる．磁束 Φ は試料の断面積 A と磁束密度 B の積

$$\Phi = AB \tag{9.27}$$

となる．式(9.26), (9.27) より Φ を消去して，

$$V_y = \frac{N_2 A}{CR_2} B \tag{9.28}$$

が得られる．

式(9.23) よりオシロスコープ水平偏向板 V_x は

$$V_x \propto H \quad [\text{A/m}] \tag{9.29}$$

で磁界 H に比例し，式(9.28) より垂直偏向板 V_y は

$$V_y \propto B \quad [\text{Wb/m}^2] \tag{9.30}$$

で磁束密度 B に比例する．このようにして，式(9.29), (9.30) よりオシロスコープで B-H 曲線が観測できる．

9.3 鉄損の測定

ヒステリシス損とうず電流損からなる**鉄損**は前節9.2節の磁化特性（B-H 曲線）からその面積で求められるが，ここでは電力計法による鉄損の直接測定と，ヒステリシス損とうず電流損の分離について述べる．

9.3.1 電力計法による鉄損の直接測定

図 9.10 の図で電力計 W の読みから鉄損を，電圧計 V_2 の読みから最大磁束密度を求める．

いま，1次側コイルの巻き数 N_1，2次側コイルの巻き数 N_2 を等しくおいて，$N_1 = N_2 = N$ とする．また電力計の内部抵抗 R_W，電圧計の内部抵抗 R_V とすれば，電力計 W と電圧計 V が並列につながれているのでそれらの内部抵抗の合成抵抗 R_P は

$$R_P = \frac{R_V R_W}{R_V + R_W} \tag{9.31}$$

と書ける．

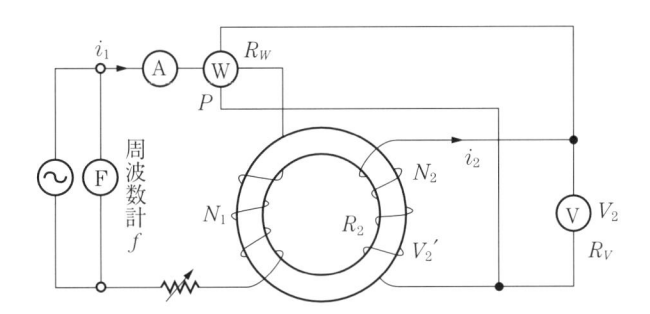

図 9.10 電力計法による鉄損の直接測定

正弦波で振動する磁束

$$\Phi = \Phi_0 \sin \omega t \tag{9.32}$$

に対して，2次側コイルの電圧 $V_2'(t)$ を求める．

$$V_2'(t) = N \frac{d\Phi}{dt} = N\Phi_0 \omega \cos \omega t \tag{9.33}$$

となる．$V_2'(t)$ の実効値を求めると，

$$V_2'(t) = \frac{\omega}{\sqrt{2}} N\Phi_0 = \frac{2\pi}{\sqrt{2}} fN\Phi_0 \tag{9.34}$$

となる．ところで V_2' は

$$V_2' = V_2 + i_2 R \tag{9.35}$$

となる．ここで R は2次側コイルの抵抗 R_2 と式(9.31) の R_P の和となる．す

なわち，

$$R = R_2 + R_P \tag{9.36}$$

である．式(9.35), (9.36) より，

$$V_2' = V_2\left(1 + \frac{R}{R_P}\right) \tag{9.37}$$

と書ける．なお R_P は

$$R_P = \frac{V_2}{i_2} \tag{9.38}$$

である．式(9.34) と (9.37) を等しくおいて，

$$\frac{2\pi}{\sqrt{2}} fN\Phi_0 = V_2\left(1 + \frac{R}{R_P}\right) \tag{9.39}$$

となる．断面積 A の試料に対して最大磁束密度 $B_m = \Phi_0/A$ より，式(9.39) から

$$B_m = \frac{1 + \dfrac{R}{R_P}}{\dfrac{2\pi}{\sqrt{2}} fNA} V_2 \tag{9.40}$$

と求まる．

次に鉄損を求める．ヒステリシス損を P_H, うず電流損を P_E とすると，その和を P_l として，

$$P_l = P_H + P_E \tag{9.41}$$

と書く．電圧計と電力計の損失の和を P_2 とすれば今損失 P は

$$P = P_l + P_2 = P_l + \frac{V_2^2}{R_P} \tag{9.42}$$

と書ける．したがって，鉄損 P_l は式(9.42) より，

$$P_l = P - \frac{V_2^2}{R_P} \tag{9.43}$$

と求まる．ここで P は電力計の読みである．

この方法は**エプスタイン装置**（Epstein configuration）に応用される．すなわち，図9.10 の環状試料のところにコイル内に二重に重ね接合した鉄板を用

い磁化を均一にする．50 cm エプスタイン装置では試料の大きさ 50 cm×3 cm で重さ 10 kg，25 cm エプスタイン装置では試料の大きさ 28 cm×3 cm で重さ 2 kg のものが使用される．このエプスタイン装置はけい素鋼板の商用周波数での測定に用いられる．

9.3.2 ヒステリシス損とうず電流損の分離

前項 9.3.1 項の式 (9.41) で鉄損 P_l はヒステリシス損 P_H とうず電流損 P_E の和で表された．ここではこのヒステリシス損とうず電流損の分離について考える．

スタインメッツ (Steinmetz) の式よりヒステリシス損 P_H は

$$P_H = K_H B_m^{1.6} f \tag{9.44}$$

と書ける．ここで f は周波数で B_m は最大磁束密度である．なお K_H は比例定数である．

ところで導体内ではうず電流が流れ，うず電流損 P_E は

$$P_E = K_E t^2 B_m^2 f^2 \tag{9.45}$$

と書ける．ここで K_E は比例定数で t は磁性材料の厚さである．したがって全損失 P_l は

$$P_l = P_H + P_E = K_H B_m^{1.6} f + K_E t^2 B_m^2 f^2 \tag{9.46}$$

と書ける．式 (9.46) の両辺を f で割って，

$$\frac{P_l}{f} = K_H B_m^{1.6} + K_E t^2 B_m^2 f \tag{9.47}$$

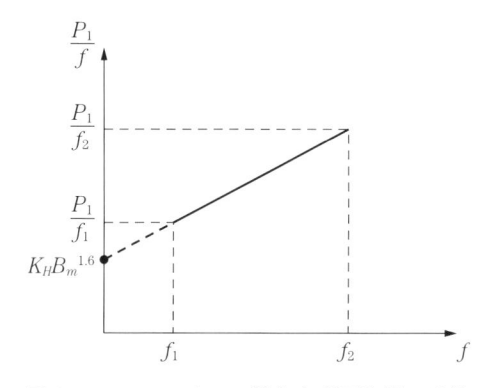

図 9.11 ヒステリシス損とうず電流損の分離

として，図 9.11 のように P_I/f 対 f をプロットする．

図 9.11 の直線で y 軸の P_I/f の y 切片よりヒステリシス損の項 $K_H B_m^{1.6}$，直線の傾きよりうず電流損の項 $K_E t^2 B_m^2$ が求まる．このように周波数を変えればヒステリシス損とうず電流損が分離できる．一例として，$f_1 = 40\,\mathrm{Hz}$，$f_2 = 60\,\mathrm{Hz}$ が用いられている．

【第 9 章のまとめ】
1. 衝撃検流計，電子磁束計，ホール効果による磁束の測定．
2. 磁性材料の磁化特性．
3. ヒステリシス損とうず電流損からなる鉄損の測定．

練 習 問 題

〔問題 9.1〕 図 9.2 において，$R = 10\,\mathrm{M\Omega}$，$C = 200\,\mathrm{pF}$，$N = 10$，$V_0 = 0.1\,\mathrm{V}$ であった．磁束 Φ を求めよ．

〔問題 9.2〕 問題 9.1 において，さぐりコイルの断面積が $0.1\,\mathrm{m}^2$ であった．磁束密度 B を求めよ．

〔問題 9.3〕 図 8.9 のホール効果で起電力 V_H を測定したら，$V_H = 10\,\mathrm{mV}$ であった．電流は $I = 5\,\mathrm{mA}$ で，$d = 5\,\mathrm{mm}$，断面積 $A = 10\,\mathrm{cm}^2$ のゲルマニウムを試料として使用した．磁束密度 B を求めよ．

〔問題 9.4〕 問題 9.3 において，磁束 Φ を求めよ．

〔問題 9.5〕 軟磁性材料と硬磁性材料の違いを B-H 曲線より説明せよ．

〔問題 9.6〕 オシロスコープを用いた交流磁化特性の測定で注意すべき点を述べよ．

〔問題 9.7〕 ヒステリシス損とうず電流損の分離の方法について述べよ．

10 記録計と波形測定

記録計 (recorder) は計測の結果である測定値を記録または表示するための装置で，たとえばグラフ記録計 (graph recorder)，オシロスコープ (oscilloscope) などがある．この章では初めグラフ記録計について述べ，後でオシロスコープ，スペクトラムアナライザ，波形分析について述べる．

10.1 グラフ記録計

グラフ記録計にはガルバノメータ記録計 (galvanometer recorder)，自動平衡記録計 (self-balancing recorder)，X-Y 記録計 (X-Y recorder) の3種類がある．ガルバノメータ記録計はしばしば直動式記録計 (direct-writing recorder) と呼ばれている．これらの記録計は検出器またはセンサから電気信号をうけて，それらの振幅の値をグラフ用紙に記録する．

ガルバノメータ記録計と自動平衡記録計の記録紙には円形記録紙 (circular chart)，帯形記録紙 (strip chart) がある．

円形記録紙は図 10.1 に示すようなもので，1日に1回転するものが多い．

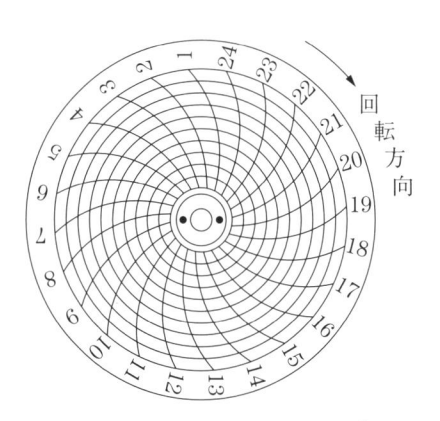

図 10.1　円形記録紙と回転方向

たとえば，1日の温度変化などを記録するのに用いられる．同心円が温度の目盛になっていて，記録計のペンが円弧に沿って動く．図10.1に示すように，この円弧が1日24時間の時間目盛となっている．この円形記録紙は一定速度で回転しているので，円弧と円弧の間の角度位置が経過した時間を示し，ペンの半径方向の位置が測定したい温度の瞬時値を示す．

帯形記録紙は図10.2に示すように長い巻紙である．一定速度で紙が送り出され，ペンは紙の動く方向と直角に測定値を記録する．

記録方式には**ペン方式**と**打点方式**とがある．ペンで記録する場合，インクペンとインクつぼを用いる．この方法は非常に簡単で安価であるが，いくつかの欠点がある．たとえば，ペン先がこわれやすかったり，インクつぼとペン先を結ぶ導送管がすぐに乾燥したりする．インクを用いない方法として**熱ペン方式**がある．これは電流が針の先端を流れ，その針を熱し，その熱は特別な感熱紙の上に溶痕を残し記録する方法である．別のインクを用いない方法として，感光紙または感圧紙を用いる方法がある．しかし，これらインクを用いない記録方式の欠点は，その構造がインクペン方式より複雑で，記録紙が非常に高価につくという点である．

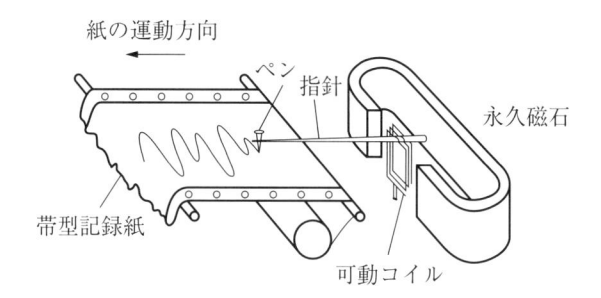

図10.2 ガルバノメータ記録計と帯形記録紙

図10.2のようなペン方式では，ペンを常時記録紙において連続的に測定値を記録するが，打点方式では，ある時間間隔で点で記録する．打点方式はペン方式と違い記録紙とペン先との摩擦を除ける利点がある．

10.1.1 ガルバノメータ記録計

ガルバノメータ記録計（または**直動式記録計**）は直流用では図 10.2 に示されるように，基本的には永久磁石可動コイル型計器の運動と同じで，可動コイルに指針がマウントされていて，その指針の先のペンで記録する．したがって，この方式は第 1 章の 1.2.2 項で述べた**偏位法**に相当する．交流用では電流力計型計器が用いられる．記録紙としては普通図 10.2 のように帯形記録紙が用いられる．

このガルバノメータ記録計の特徴は，周波数応答が速いということと，マルチチャネルの出力が可能であるという点である．たとえば，36 チャネルの出力も可能となる．これによって病院で患者の体温，血圧，呼吸などを同時に記録することが可能である．普通のガルバノメータ記録計の最大周波数応答はおよそ 100 Hz（10 ms）である．これは小さいペンが一往復する時間に相当する．最大感度は 1 cm あたり 10 mV 程度で，入力インピーダンスは 100 kΩ かまたはそれ以上である．目盛の精度はフルスケールの ±1.0% から ±2.0% 程度である．指針とペンの代わりに光ビームを使用する特別なガルバノメータ記録計があるが，これの周波数応答はおよそ 13 kHz に達する．この光ビームを用いたがガルバノメータ記録計を図 10.3 に示す．

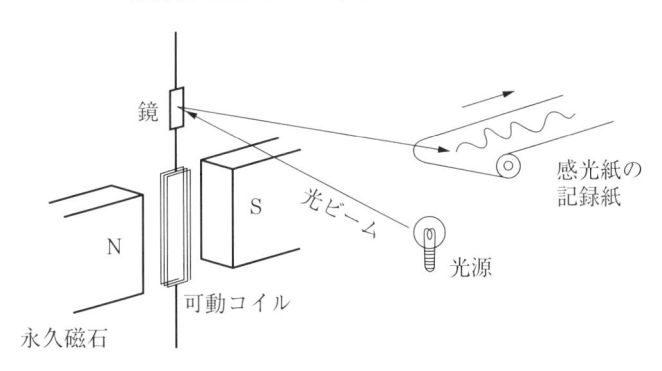

図 10.3 光ビームを用いたガルバノメータ記録計

10.1.2 自動平衡記録計

ガルバノメータ記録計が偏位法であるのに対して，**自動平衡記録計は零位法**

である．たとえば，図10.4の電圧自動平衡記録計では，直流入力電圧V_iと電位差計の電圧V_sとの電位差として，V_i-V_sが**誤差検出器**が検出され，交流に交換され増幅器を通る．増幅によって増幅の信号が十分大きくなりサーボモータを回転させる．サーボモータが回転するとシャフトが動き，それによって電位差計の電圧V_sも変化する．V_sがV_iに等しくなったとき，誤差検出器からの誤差信号V_i-V_sは零となる．このとき増幅器への入力は零となりサーボモータを停止させる．したがって図10.4のように，シャフトにペンを連結させておけば，停止したペンは入力電圧V_iを正確に記録する．

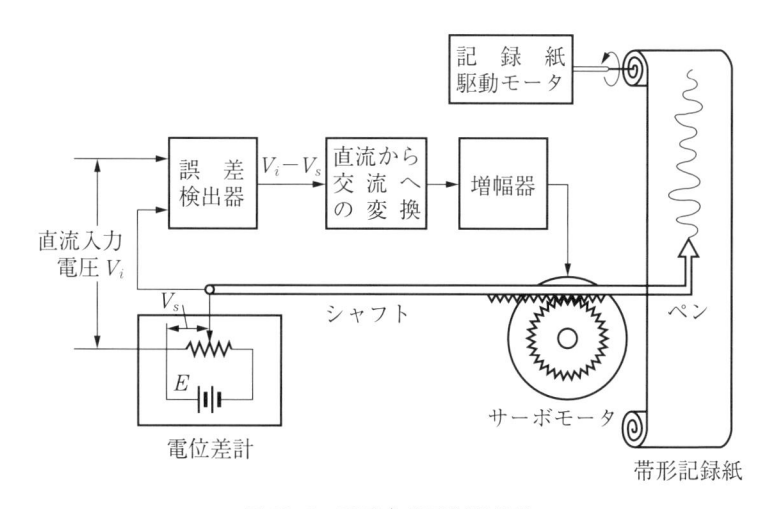

図10.4 電圧自動平衡記録計

インピーダンス自動平衡記録計はサーボモータを用いていて，基本的には電圧自動平衡記録計と同じである．電圧自動平衡記録計が電位差計を用いるのに対して，インピーダンス自動平衡記録計は図10.5に示すようにブリッジを用いてインピーダンスの平衡をとる．いま測定量R_xによってインピーダンスが不平衡だと，それによって生じる不平衡電圧が増幅されてサーボモータを動かす．サーボモータが動くとそれと連結されているシャフトが動き，すべり抵抗R_sでブリッジの平衡がとられてサーボモータは停止し，測定値が記録される．

このインピーダンス自動平衡記録計の感度は非常に高く，±0.1％以内の高

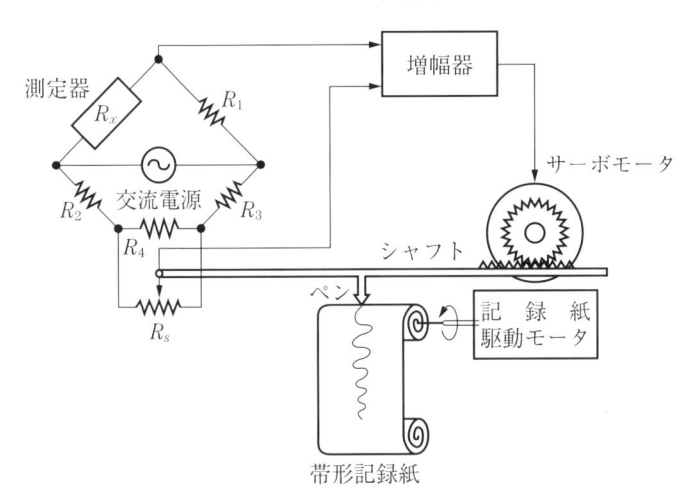

図 10.5 インピーダンス自動平衡記録計

精度である．信号電圧は 1 mV から 100 V まで読みとることができる．最大周波数応答は 5 Hz と低い．

10.1.3 X-Y 記録計

いままで述べてきたガルバノメータ記録計と自動平衡記録計では，ペンはパルスモータで駆動している記録紙の上を記録紙の運動方向と直角方向に動いて

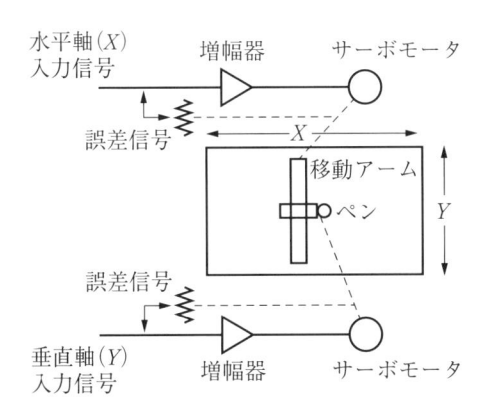

図 10.6 X-Y 記録計

測定値を記録していたが，**X-Y 記録計**では記録紙の運動方向，それと直角方向同時に動いて記録する．すなわち，直角座標系の X 軸と Y 軸の変数 x, y が $y=f(x)$ の関数で記録される．図 10.6 に示すように X-Y 記録計は二つの自動平衡記録計から構成されている．

X-Y 記録計は広い範囲に応用される．たとえばダイオード，トランジスタの電流-電圧（I-V）特性，磁性材料の B-H 曲線，掃引周波数発振器からの電圧対周波数プロット等である．

10.2 オシロスコープ

いままで述べてきたガルバノメータ記録計，自動平衡記録計，X-Y 記録計は 5〜100 Hz 程度までの周波数応答しかなかった．これはペンの運動の速さによって制限された．もっと速い現象を見るのに**電磁オシログラフ**（oscillograph）がある．これは図 10.3 のように，磁界中に置かれた可動コイル部分に電流を流し，可動部に反射鏡が付いていて，その反射鏡のふれを光学的に記録するものであるが，これは 13 kHz 以下の信号を検出することができる．

もっと速く変化する電気現象を目でみえるようにした装置が**陰極線オシロスコープ**（cathode ray oscilloscope）または簡単にオシロスコープと呼ぶ．**シンクロスコープ**（synchroscope）はオシロスコープの進歩したもので，トリガ掃引オシロスコープともよばれる．オシロスコープは普通 500 MHz までの信号を検出記録することができる．さらに高い周波数の電気現象は**サンプリングオシロスコープ**（sampling oscilloscope）が使用される．このサンプリングオシロスコープでは数 GHz までの繰り返し信号を検出記録することができる．

10.2.1 オシロスコープの動作と原理

オシロスコープ用ブラウン管とその動作原理を図 10.7 に示す．

オシロスコープはブラウン管を用いて，高真空のガラスバルブ内で，ヒータによって加熱され**カソード**（cathode）が放出された熱電子群が加速電極，第 1 陽極（集束電極），第 2 陽極から構成されている電子レンズによって集束されて電子ビームとなる．この電子ビームは垂直偏向板と水平偏向板によってそれぞれ垂直方向，水平方向に偏光され，ブラウン管の蛍光面上に当たり発光さ

10.2 オシロスコープ

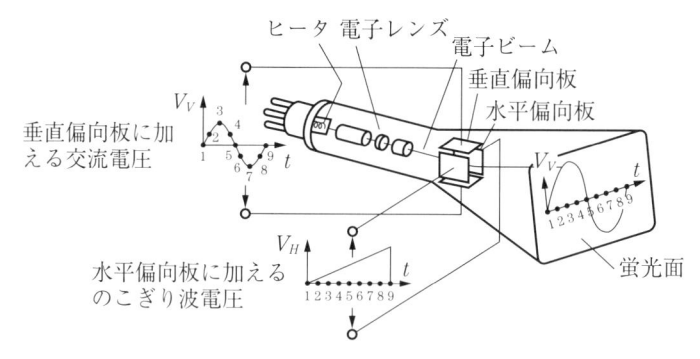

図 10.7 オシロスコープ用ブラウン管とその動作原理

せる．

オシロスコープは水平方向である X 軸に時間経過を，垂直方向である Y 軸に電圧を表示する．たとえば，Y 軸方向の垂直偏向板に外部交流電圧だけを加えれば零を中心に Y 軸方向に単振動する縦線だけが観測される．これでは時間とともに電圧がどのように変化しているのかわからないので，図 10.7 に示すように，水平偏向板にのこぎり波の電圧を繰り返して加えれば蛍光面上に Y 軸に電圧 V_V，X 軸に時間 t の関係が求められ，現象波形の時間とともに変化する様子がわかる．図 10.7 に示されているように垂直偏向板に加えられた交流電圧の 1 から 9 までの点は正確に水平偏向板に加えられたのこぎり波の 1 から 9 までの点に対応し，それによって偏向された電子ビームのふれ幅は蛍光面の波形の 1 から 9 までと正確に比例するように作られている．

10.2.2 オシロスコープを使っての電圧の測定

一般に用いられるオシロスコープの入力インピーダンスは抵抗 1 MΩ と静電容量 20 から 80 pF の並列である．測定する信号の出力インピーダンスが高いとき，または大きい電圧波形を観測するときは普通 10：1 の**減衰プローブ**を使用する．そのほか 50：1，100：1 の減衰比で減衰するプローブを用いることもある．10：1 の減衰プローブを用いたオシロスコープの一例を図 10.8 に示す．

このように 10：1 の減衰プローブを用いればオシロスコープの入力抵抗 1 MΩ が入力抵抗 $R_{in} = 10$ MΩ となり，入力静電容量は $C_{in} = 10$ pF となる．可変

150　　　　　　　　　　10　記録計と波形測定

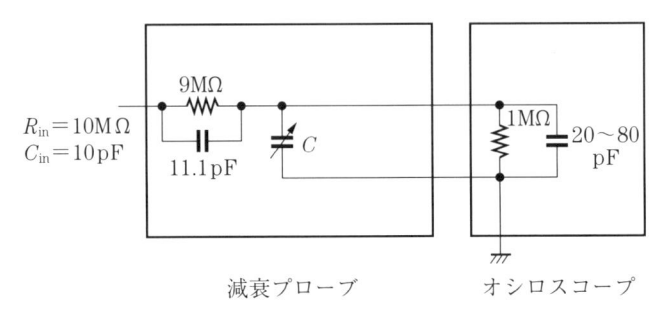

図10.8　10：1の減衰プローブを用いたオシロスコープ

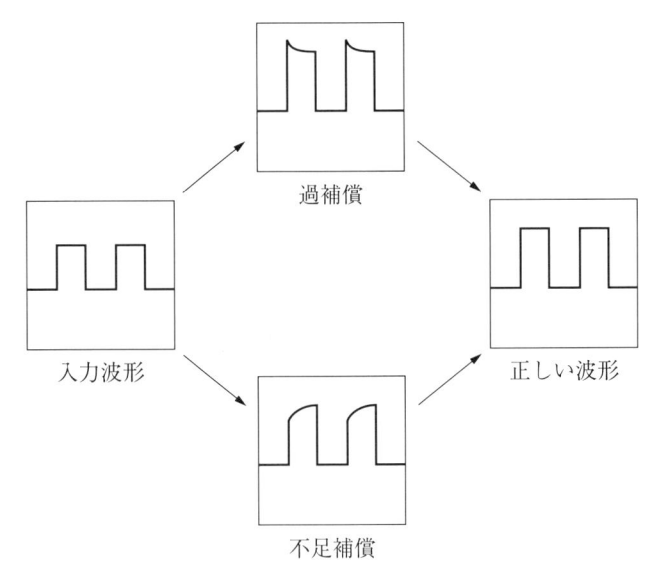

図10.9　可変コンデンサを用いた正しい波形の調整

コンデンサ C を用いて，図10.9に示すような**過補償**，**不足補償**の場合正しい波形に調整する．

10：1の減衰プローブを用いて交流電圧をオシロスコープで測定した結果，図10.10のようになった．

交流電圧を測定する場合にはAC–GND–DCの入力切換スイッチでグランド（GND）にして輝線の位置調整（POSITION）で零線位置をきめる．図10.10

10.2 オシロスコープ

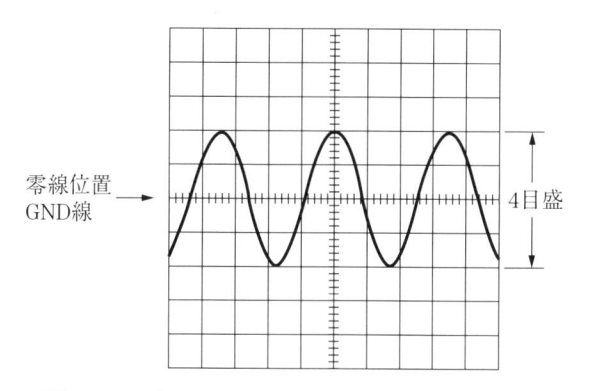

図 10.10 交流電圧波形のオシロスコープでの測定

のように中央で GND 線に合わせる．その後 AC にすれば図のように交流電圧波形が観測される．いま 1 目盛 0.01 V だとするとピークからピークまでの電圧 e_{p-p} は図から

$$e_{p-p} = 0.01 \times 4 \times 10 = 0.4 \text{ V} \tag{10.1}$$

と求まる．ここで 4 倍しているのはピークからピークまで 4 目盛だからである．10 倍は 10：1 の減衰プローブを用いている理由による．ピーク電圧 e_p は式(10.1) の e_{p-p} の半分だから

$$e_p = \frac{1}{2} e_{p-p} = 0.2 \text{ V} \tag{10.2}$$

と求まる．実効値電圧 e_{rms} は

$$e_{\text{rms}} = \frac{e_p}{\sqrt{2}} = 0.14 \text{ V} \tag{10.3}$$

と求まる．

次に直流電圧を測定する場合を考える．交流電圧を測定したときと同じように AC-GND-DC の入力切換スイッチを GND にして図 10.11 のように輝線の位置調整で零線位置をきめたとする．このとき 1 目盛 0.01 V だとすると，10：1 の減衰プローブを用いて観測された直流電圧 V_{dc} は

$$V_{dc} = 0.01 \times 3 \times 10 = 0.3 \text{ V} \tag{10.4}$$

と求まる．

直流成分に重量している交流脈動（リップル，ripple）を測定したい場合に

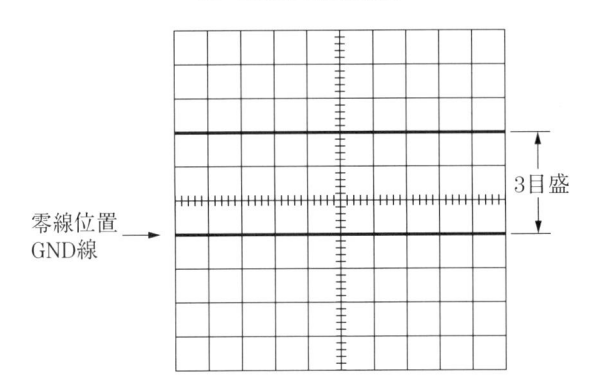

図 10.11 直流電圧のオシロスコープでの測定

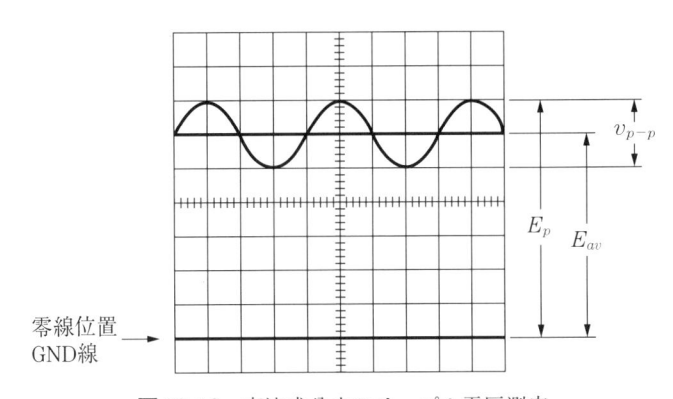

図 10.12 直流成分中のリップル電圧測定

は入力切換スイッチを DC にする．図 10.12 のように直流成分と交流成分の全体の波形をみることができる．

図 10.12 で 1 目盛 0.01 V として，10：1 の減衰プローブを用いた場合，リップルのピークからピークまでの電圧 v_{p-p} は，

$$v_{p-p}=0.01\times2\times10=0.2\,\text{V} \tag{10.5}$$

と求まる．E_p は GND 線上のピーク値で

$$E_p=0.01\times7\times10=0.7\,\text{V} \tag{10.6}$$

となる．E_{av} は直流電圧で

$$V_{av}=0.01\times6\times10=0.6\,\text{V} \tag{10.7}$$

である.

なおリップル電圧の振幅値が小さいときは，入力切換スイッチを AC に切り換えれば直流成分は消えて交流のリップル成分だけが GND 線上に表示される．これを拡大してみればよい．

10.2.3 オシロスコープを使っての周波数の測定

周波数 f〔Hz〕と周期 T〔s〕の間には

$$f = \frac{1}{T} \tag{10.8}$$

の関係がある．

図 10.13 の交流電圧の周期 T は，オシロスコープの掃引速度（sweep speed）が 1 目盛 $10\,\mu\mathrm{s}$ なら，6 目盛より

$$T = 6 \times 10\,\mu\mathrm{s} = 60\,\mu\mathrm{s} \tag{10.9}$$

と計算できる．したがって，周波数 f〔Hz〕は式(10.8) より，

$$f = \frac{1}{T} = \frac{1}{60 \times 10^{-6}} = 16.67\,\mathrm{Hz} \tag{10.10}$$

と求まる．

リサジュー（Lissajous）**図形**を用いても周波数が測定できる．その方法を図

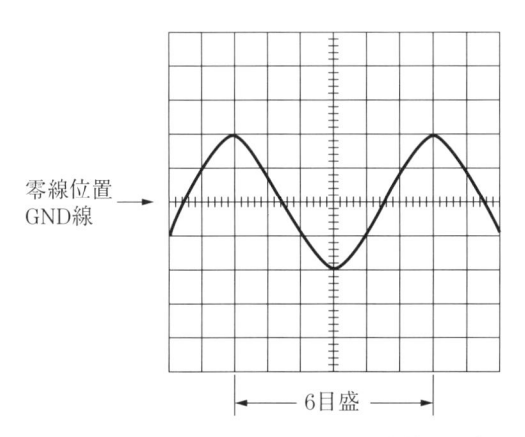

図 10.13 オシロスコープによる周波数の測定

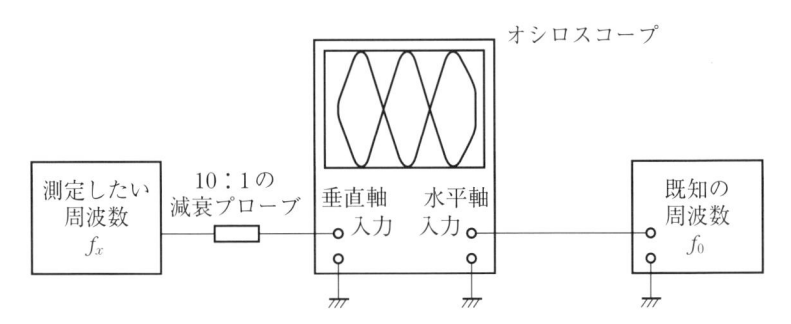

図 10.14 水平軸,垂直軸に接するリサジュー図形

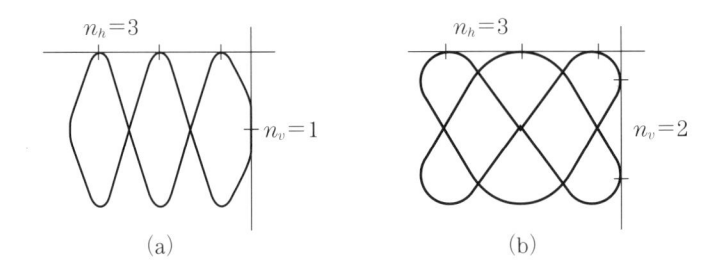

図 10.15 リサジュー図形による周波数の測定

10.14 に示す.

図 10.15(a) のように水平軸に接する点の数は $n_h=3$ で,垂直軸に接する点の数は $n_v=1$ である.(b)では $n_h=3$ で $n_v=2$ である.この n_v と n_h を用いて測定したい周波数 f_x は既知の周波数 f_0 を用いて

$$f_x = \frac{n_h}{n_v} f_0 \tag{10.11}$$

と求まる.たとえば $f_0=10\,\text{Hz}$ のとき,図 10.15(b) の場合は

$$f_x = \frac{3}{2} \times 10 = 15\,\text{Hz} \tag{10.12}$$

と求まる.このリサジュー図形の方法だと 0.001% の精度で 0.01 Hz ごとに 0.01 Hz から 100 MHz までの周波数が測定できる.

10.2 オシロスコープ

【例題 10.1】 $f_0=20\,\text{Hz}$ のリサジュー図形で図 10.15(a) が得られた．測定したい周波数 f_x を求めよ．

〔解答〕 式(10.11) より，$n_h=3$，$n_v=1$ より，

$$f_x = \frac{3}{1} \times 20 = 60\,\text{Hz}$$

が求める周波数である．

10.2.4 オシロスコープを使っての位相の測定

図 10.16 に示すように，たとえば，増幅器の入出力間の二つの正弦波の位相差を測定する場合は **2現象オシロスコープ** を用いる．正弦波をそれぞれ垂直軸 1，垂直軸 2 に入力して図 10.17 が得られたとする．

図 10.17 から水平軸の 1 目盛を $100\,\mu\text{s}$ とする．正弦波の周期 T は 6 目盛で 1 周期だから

$$T = 6 \times 100\,\mu\text{s} = 6 \times 10^{-4}\,\text{s} \tag{10.13}$$

また二つの正弦波の位相の遅れ T_D は 2 目盛より

$$T_D = 2 \times 100\,\mu\text{s} = 2 \times 10^{-4}\,\text{s} \tag{10.14}$$

となる．このとき位相差 θ は

$$\theta = \frac{T_D}{T} \times 360°$$

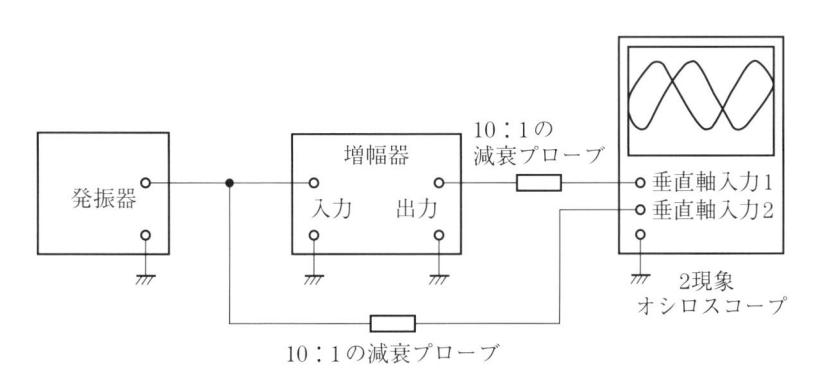

図 10.16 増幅器によって生じる位相差の測定

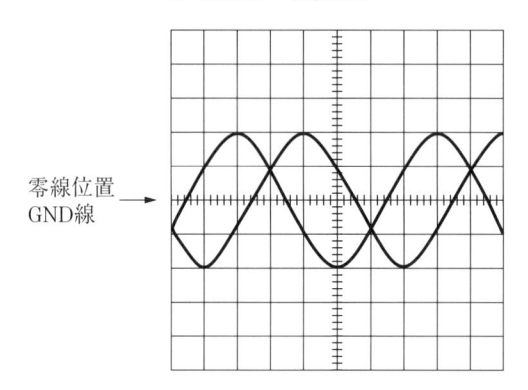

図 10.17　オシロスコープによる位相差の測定

$$= \frac{2\times10^{-4}}{6\times10^{-4}}\times360° = 120° \tag{10.15}$$

と求めることができる．

リサジュー図形を用いても位相差が測定できる．その構成図を図 10.18 に示す．

水平軸と垂直軸にそれぞれ同じ周波数で位相の異なる次のような正弦波の電圧 e_x, e_y を印加する．

$$e_x = E\ \sin\omega t$$
$$e_y = E\ \sin(\omega t + \theta) \tag{10.16}$$

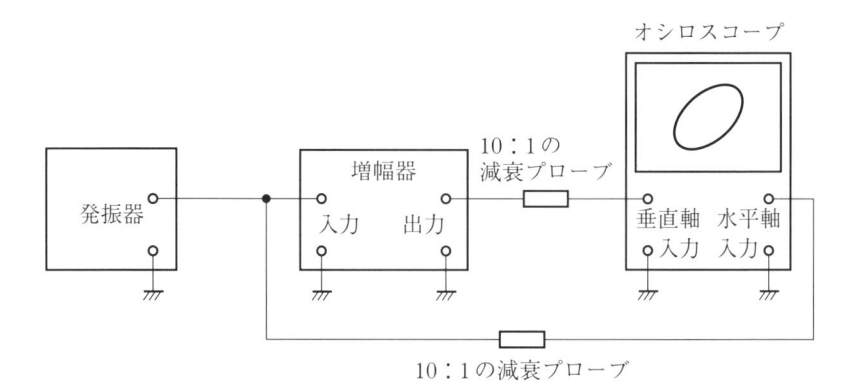

図 10.18　リサジュー図形による位相差の測定

10.2 オシロスコープ

電子ビームは e_x, e_y に比例して x 方向, y 方向に偏位するから, 蛍光面上に現れる光点の座標 (x, y) は

$$\frac{x^2}{a^2} - \frac{2xy}{a^2}\cos\theta + \frac{y^2}{a^2} = \sin^2\theta \tag{10.17}$$

となる. なお a は E に比例する. 式(10.17)は楕円の式で図 10.19 のようになる.

式(10.17)より $x=0$ のとき $y=b$ とすれば

$$y = a\sin\theta = b \tag{10.18}$$

より

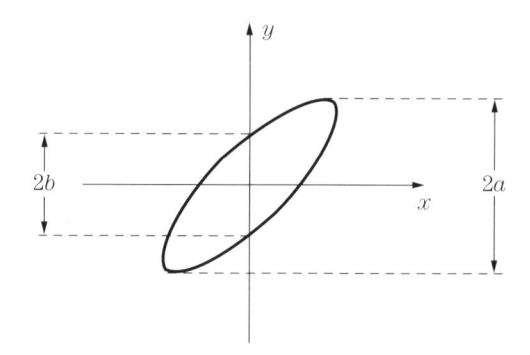

図 10.19 式(10.17)の楕円の図形

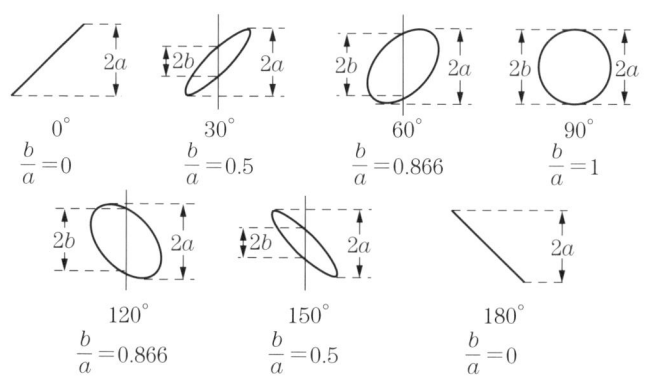

図 10.20 各種リサジュー図形による位相差の測定

角度	b/a
$0°$	$b/a = 0$
$30°$	$b/a = 0.5$
$60°$	$b/a = 0.866$
$90°$	$b/a = 1$
$120°$	$b/a = 0.866$
$150°$	$b/a = 0.5$
$180°$	$b/a = 0$

$$\sin\theta = \frac{b}{a} \tag{10.19}$$

となり位相差 θ が求まる．これを図 10.20 に示す．

【例題 10.2】 式 (10.16) より，$E=a$ として $x=a\sin\omega t$, $y=a\sin(\omega t+\theta)$ と置いて，式 (10.17) が得られることを示せ．

〔解答〕 $y=a\sin(\omega t+\theta)=a\sin\omega t\cos\theta+a\cos\omega t\sin\theta$ と $\sin^2\omega t+\cos^2\omega t=1$ より，$x=a\sin\omega t$ を使い，$\sin\omega t$ を消去する．すなわち，

$$y = x\cos\theta \pm a\sqrt{1-\frac{x^2}{a^2}}\sin\theta$$

が得られる．

$$y - x\cos\theta = \pm a\sqrt{1-\frac{x^2}{a^2}}\sin\theta$$

の両辺を二乗して整理すれば

$$y^2 - 2xy\cos\theta + x^2(\cos^2\theta + \sin^2\theta) = a^2\sin^2\theta$$

が得られるので，$\cos^2\theta + \sin^2\theta = 1$ を使い，両辺を a^2 で割れば，式 (10.17) の

$$\frac{x^2}{a^2} - \frac{2xy}{a^2}\cos\theta + \frac{y^2}{a^2} = \sin^2\theta$$

が得られる．これを図示すると，図 10.19 となる．

10.2.5 オシロスコープを使ってのパルス波形の測定

図 10.21 のように正確な方形波をオシロスコープでみると入力方形波と同じにはならない．これは方形波が基本周波数と多くの高調波周波数を含んでいるからである．**フーリエ級数**（Fourier series）で基本周波数，高調波周波数を求められるがこれはこの章の最後に述べる．

図 10.21 の出力方形波の t_r は**立ち上がり時間**（rise time）で t_f は**立ち下がり時間**（fall time）と呼ぶ．t_r, t_f はそれぞれ 10% から 90% の振幅の間の時間である．50% 振幅のところを**パルス幅**と呼ぶ．オシロスコープの時間は立ち上がり時間で決まる．オシロスコープの周波数帯域幅 B〔Hz〕とすると立ち上が

10.3 サンプリングオシロスコープ

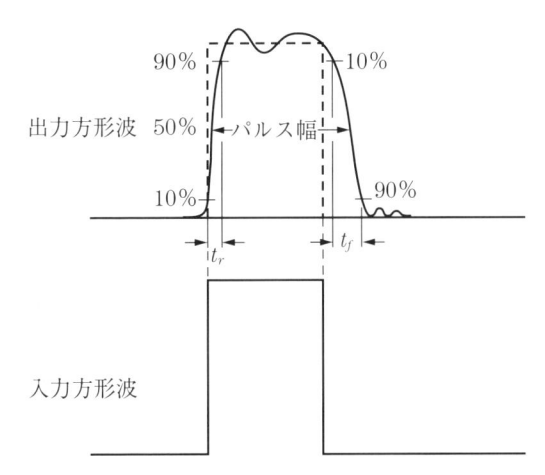

図 10.21 入力方形波をオシロスコープでみた出力方形波

り時間 t_r との間には

$$t_r = \frac{0.35}{B} \tag{10.20}$$

の関係がある．普通オシロスコープは 10 MHz, 100 MHz の周波数帯域幅をもつ．したがって一例として 100 MHz オシロスコープの場合，立ち上がり時間 t_r は式(10.20) より

$$t_r = \frac{0.35}{100 \times 10^6} \text{ s} = 3.5 \times 10^{-9} \text{s} = 3.5 \text{ ns} \tag{10.21}$$

と求まる．

10.3　サンプリングオシロスコープ

普通のオシロスコープは MHz 領域の周波数バンド幅しかないが，**サンプリングオシロスコープ**（sampling oscilloscope）は 10 GHz までのバンド幅をもつ．したがって極めて高い周波数の信号を測定したり，非常に速い，たとえば 0.5 ns またはそれより速い立ち上がり時間をもつ波形を観測することができる．

このサンプリングオシロスコープの方法は図 10.22 に示すような繰り返し波形の場合のみ適用できる．いま，幅 0.5 ns の波形が 1 ns, すなわち 1 GHz の

図 10.22 (a) 入力波形

図 10.22 (b) 組み立てられた波形

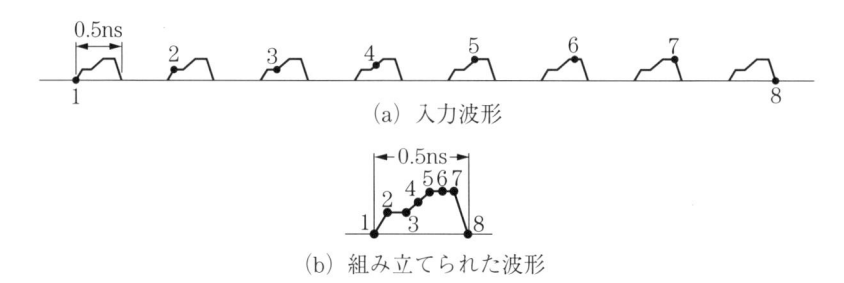

図 10.22 サンプリングオシロスコープの原理

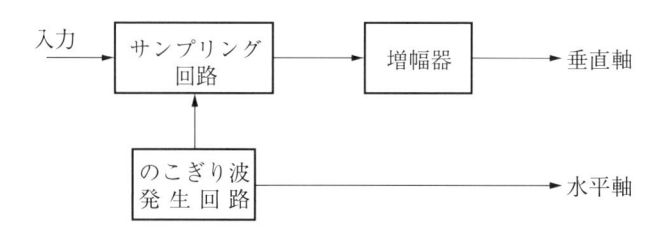

図 10.23 サンプリングオシロスコープの回路構成

周期で繰り返されているとする．このとき，のこぎり波（三角波）で図 10.22 (a) のように 1, 2, …, 8 とサンプルする．これを組み立てたのが図 10.22(b) である．これを増幅して垂直軸に入力する．サンプルするためののこぎり波は水平軸に入力する．この回路構成を図 10.23 に示す．

10.4 スペクトラムアナライザ

スペクトラムアナライザ（spectrum analyzer）または簡単にスペアナと呼ばれている波形分析器は特に**パルス変調**または**周波数変調**された波形を観測するのに適している．この回路構成を図 10.24 に示す．

たとえば，中間周波数が 10 kHz であるとし，**局部発振器**（local oscillator）が 200 kHz から 300 kHz までの周波数を変化させると **CRT**（ブラウン管，cathode ray tube）の蛍光面上には図 10.25 のように 210 kHz から 310 kHz までの波形が表示される．

一番左端が 210 kHz に相当し，右端が 310 kHz に相当する．その中央が 260

10.4 スペクトラムアナライザ

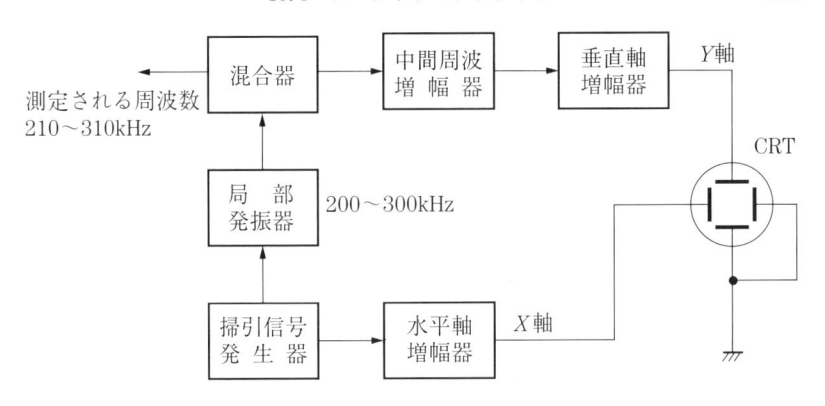

図10.24 スペクトラムアナライザの回路構成

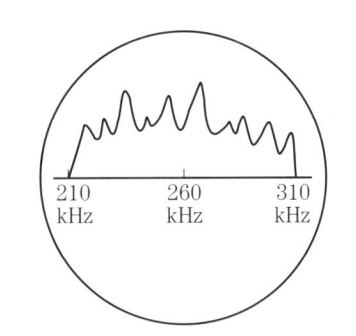

図10.25 スペクトラムアナライザの画面上の波形

kHzに相当し，この水平軸が各周波数に対応する．なお垂直軸は入力信号に含まれる各周波数成分の大きさ，すなわちスペクトルの大きさである振幅に相当する．このように普通のオシロスコープでは水平軸が時間で垂直軸が振幅であるのに対してスペクトラムアナライザは水平軸が周波数で垂直軸が振幅である．このようにスペクトラムアナライザは周波数スペクトルが表示されるのが特徴である．

【第10章のまとめ】
1. ガルバノメータ,自動平衡,X-Y 記録計の動作原理.
2. オシロスコープによる電圧,周波数,位相,パルス波形の測定.
3. 高速サンプリングオシロスコープの動作原理.

練習問題

〔問題 10.1〕 ガルバノメータ記録計について述べよ.
〔問題 10.2〕 自動平衡記録計について述べよ.
〔問題 10.3〕 X-Y 記録計について述べよ.
〔問題 10.4〕 オシロスコープの動作原理について述べよ.
〔問題 10.5〕 図 10.14 で既知の周波数 $f_0=20$ Hz でリサジュー図形をオシロスコープで観測したら次のような波形が得られた.測定したい周波数 f_x を求めよ.

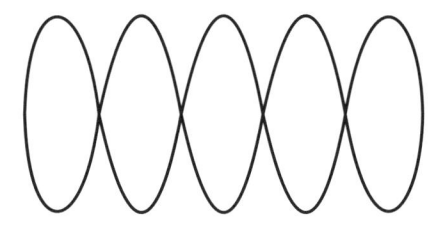

〔問題 10.6〕 図 10.19 において,$a=4$,$b=2$ であった.位相差を求めよ.
〔問題 10.7〕 周波数帯域幅 200 MHz のオシロスコープの立ち上がり時間を求めよ.
〔問題 10.8〕 サンプリングオシロスコープの原理について述べよ.
〔問題 10.9〕 スペクトラムアナライザ(スペアナ)はどのような波形を観測するのに適しているか.

参 考 文 献

[1] Ernest Frank："Electrical Measurement Analysis", McGraw–Hill Book Company, Inc., (1959)
[2] 西野治編："電気計測（実験物理学講座5）", 共立出版, 昭和44年7月
[3] Bruce D. Wealock and James K. Roberge："Electric Components and Measurements", Prentice–Hall, Inc.,(1969)
[4] D. F. A. Edwards："Electronic Measurement Techniques", Butterworth & Co., Ltd., (1971)
[5] John D. Lenk："Handbook of Electronic Test Equipment", Prentice–Hall, Inc.,(1971)
[6] Stanley Wolf："Guide to Electronic Measurements and Laboratory Practice", Prentice–Hall, Inc.,(1973)
[7] 須山正敏："電気磁気測定", 電子通信学会,（1974）
[8] John V. Wait et al.："Introduction to Operational Amplifier Theory and Applications", McGraw–Hill Kogakusha,(1975)
[9] Philip Kantrowitz, Gabriel Kousourou and Lawrence Zucker："Electronic Measurements", Prentice–Hall, Inc.,(1979)
[10] 電子通信学会ハンドブック委員会編："電子通信ハンドブック", オーム社, 昭和54年3月
[11] 高田誠二："単位と単位系", 共立出版,（1980）
[12] 福与人八, 小林肇, 泊川一之："電子計測", 実教出版, 1980年7月
[13] 都築泰雄："電子計測", 電子情報通信学会,（1981）
[14] 菅野充："電磁気計測", コロナ社, 昭和57年5月
[15] 米山寿一："図解A/Dコンバータ入門", オーム社, 昭和58年9月
[16] 桜井捷海, 霜田光一："応用エレクトロニクス", 裳華房, 昭和59年3月
[17] Andor Boros："Electrical Measurements in Engineering", Elsevier Science Publishing Co., Inc.,(1985)
[18] 桜井捷海, 霜田光一："エレクトロニクスの基礎", 裳華房, 昭和61年1月
[19] 日野太郎："電気計測基礎", 電気学会, 1986年2月
[20] F. F. Mazda："Electronic Instruments and Measurement Techniques", Cambridge University Press,(1987)
[21] S. Collin："Computers, Interfaces and Communication Networks", Prentice Hall, (1988)
[22] パナソニック電子計測器'88〜'89,（1988）
[23] 永田穣監修："実用基礎電子回路", コロナ社,（1988）
[24] Martin U. Reissland："Electrical Measurements", John Wiley & Sons,(1989)

[25] 飯島幸人，今津隼馬："電波航法"，成山堂書店，(1989)
[26] 滑川敏彦，志水英二："基礎電子回路"，昭晃堂，平成元年4月
[27] 吉村和幸，古賀保喜，大浦宣徳："周波数と時間"，電子情報通信学会，平成元年7月
[28] 大森俊一，根岸照雄，中根央："基礎電気・電子計測"，槇書店，(1990)
[29] YOKOGAWA 電子計測器，1990年
[30] 山口次郎，前田憲一，平井平八郎："大学課程・電気電子計測"，オーム社，(1990)
[31] 金井寛，斎藤正男："電気磁気測定の基礎"，昭晃堂，(1991)
[32] 関根松夫："レーダ信号処理技術"，電子情報通信学会，(1991)
[33] L. D. Jones and A. F. Chin：Electronic Instruments and Measurements, Prentice Hall, (1991)
[34] アドバンテスト総合カタログ，(1991)
[35] 横河ヒューレットパッカード，1991総合カタログ，(1991)
[36] 片桐嗣雄監，田代正二：ネットワーク・アナライザ入門，横河ヒューレットパッカード株式会社
[37] (株)アドバンテスト：INSTRUCTION MANUAL TR 5824 (A)
[38] 山内二郎監修："電気計測便覧"，オーム社，(1966)
[39] 高木純一："電気の歴史"，オーム社，(1967)
[40] レーザー学会："レーザーハンドブック"，オーム社，(1982)
[41] 工業技術院計量研究所訳："国際単位系"，日本計量協会，(1987)
[42] 三好正二："電気計測"，東京電機大学出版局，(1982)
[43] 菅博，玉野和保，井出英人，米沢良治："電気・電子計測"，朝倉書店，(1988)
[44] 相田貞蔵，江端正直，河野宣之，釘澤秀雄："電子計測"，培風館，(1989)
[45] 新妻弘明，中鉢憲賢："電気・電子計測"，朝倉書店，(1989)
[46] 大浦宣徳，関根松夫："電気・電子計測"，昭晃堂，(1992)
[47] 中本高道："電気・電子計測入門"，実教出版，(2002)
[48] 関根松夫："やさしい電気回路"，昭晃堂，(2005)

練習問題解答

1章

〔解答 1.1〕 $\dfrac{F_G}{F_C} = \dfrac{G\dfrac{m^2}{r^2}}{\dfrac{1}{4\pi\varepsilon_0}\dfrac{Q^2}{r^2}} = 4\pi\varepsilon_0 G\dfrac{m^2}{Q^2} = 2.4\times10^{-43}$

〔解答 1.2〕 式(1.4) において，最悪の場合を考えて，右辺の各項の絶対値を取り，最大絶対誤差 ΔR を考える．すなわち，
$$\Delta R = \left|\dfrac{1}{I}\Delta V\right| + \left|\dfrac{V}{I^2}\Delta I\right| = \dfrac{0.5}{20} + \dfrac{100\times0.1}{20^2} = 0.05$$

〔解答 1.3〕 電圧値は 7.2 V である．フルスケールの最大誤差は $0.02\times30 = 0.6$ V である．したがって，7.2 V の誤差は $\dfrac{0.6}{7.2}\times100 = 8.3\%$ である．

〔解答 1.4〕 標準周波数を 9435 MHz または 9315 MHz に設定する．

〔解答 1.5〕 平均 $\bar{x} = 9.75$ mH である．式(1.15) より精密さは $x_1 = 0.956$, $x_2 = 0.974$, $x_3 = 0.904$, $x_4 = 0.938$ で $x_2 = 9.5$ mH が一番平均値 $\bar{x} = 9.75$ mH に近い．

〔解答 1.6〕 計器の操作を誤る．実験前の計画を入念に立てる．

〔解答 1.7〕 系統誤差の測定器の誤差としては，ベアリング，ボリュームの摩耗，対策としては測定器はなるべく新しい信頼性の高いものを使用する．

〔解答 1.8〕 環境誤差としては，たとえば，気温によって様々な影響が生じる．対策としては，空調によって温度，湿度を一定にする．

〔解答 1.9〕 熱雑音による抵抗のゆらぎ．温度を低くして，熱雑音を抑える．

〔解答 1.10〕 偏差の平均値 D は式(1.18) より $D = 0.55$，分散 V は式(1.19) より $V = 0.47$，標準偏差は式(1.20) より $\sigma = 0.686$．

〔解答 1.11〕 $a = 0.0206$, $b = -0.207$

〔解答 1.12〕 $R(0) = 6.63$, $\alpha = 4.29\times10^{-3}$

〔解答 1.13〕 $\ln y = \ln a + bx$ より，式(1.39) 以下と同じ計算で a, b が決定できる．

〔解答 1.14〕 $\log_{10} y = \log_{10} a + b\log_{10} x$ より，式(1.39) 以下と同じ計算で a, b が決定できる．

〔解答 1.15〕 前問 1.14 と同じ手法で $A = 0.00996 R^{1.25}$ と求まる．

〔解答 1.16〕 四捨五入：26.15，四捨六入：26.14

〔解答 1.17〕 足し算：15.69 ± 0.03，引き算：8.79 ± 0.03，
かけ算：42.2 ± 0.2，割り算：3.55 ± 0.02，

〔解答 1.18〕 足し算：25.55 ± 4.09 または $25.55\pm16.0\%$,

引き算：5.13±4.09 または 5.13±79.7%，
かけ算：156.6±50.12 または 156.6±31.93%，
割り算：1.502±0.5008 または 1.502±33.34%

〔解答 1.19〕 27 dBm

〔解答 1.20〕 $20 \log_{10}\left(\frac{V_{\text{out}}}{V_{\text{in}}}\right)$ [dB] $= \log_e\left(\frac{V_{\text{out}}}{V_{\text{in}}}\right)$ [Np] より, 1 Np $= 20 \log_{10} e$ [dB] $= 8.686$ dB

2章

〔解答 2.1〕 17℃, 62.6°F

〔解答 2.2〕 $4\,\mu$V

〔解答 2.3〕 雑音起電力 $\sqrt{\overline{e^2}}$，抵抗 R，インピーダンス Z の回路に流れる電流 i は $i = \dfrac{\sqrt{\overline{e^2}}}{R+Z}$ である．したがって，Z で消費される電力 P は

$$P = i^2 Z = \frac{\overline{e^2}}{(R+Z)^2} Z$$

と求まる．

〔解答 2.4〕 $P = \dfrac{\overline{e^2}}{\dfrac{R^2}{Z} + Z + 2R}$ より $\dfrac{R^2}{Z} + Z \geq 2\sqrt{\dfrac{R^2}{Z}Z} = 2R$ を使い，$\dfrac{R^2}{Z} = Z$,

すなわち $R = Z$ のとき分母が最小となり，P は最大値 $\dfrac{\overline{e^2}}{4R}$ が得られる．

〔解答 2.5〕 0.57 nA

〔解答 2.6〕 表より 3 [V²/Hz] である．

〔解答 2.7〕 15 dB

〔解答 2.8〕 129 dB

〔解答 2.9〕 25.2 W

〔解答 2.10〕 3.5

3章

〔解答 3.1〕 次元は $Mgh = $ [kg·m·s^{-2}·m] $= $ [J], $\dfrac{Mgh}{t} = $ [kg·m·s^{-3}·m] $= \left[\dfrac{\text{J}}{\text{s}}\right] = $ [W]

〔解答 3.2〕 電流を I [A] とすれば $W = IV$ [A·V] より, [m²·kg·s^{-3}] $= $ [A·V] となり, V の次元は $V = $ [m²·kg·s^{-3}·A^{-1}] と求まる．

〔解答 3.3〕 2 kΩ, 200 MΩ

〔解答 3.4〕 $5\,\mu$F, 50 nF

練習問題解答　　　*167*

[解答 3.5]　0.2 mH
[解答 3.6]　$f = 693$ GHz
[解答 3.7]　$V = (1436 \times n)\mu$ [V]
[解答 3.8]　前問の解で，$n = 100$ を代入して，$V = 0.1436$ V
[解答 3.9]　式(3.6) より，$n = 150$ を代入して，$R_H = 172 \Omega$
[解答 3.10]　本文参照．

4 章

[解答 4.1]　式(4.2) を A で微分して，$\dfrac{dG}{dA} = \dfrac{1}{(1+\beta A)^2}$ が得られる．これと式(4.2) より求まる．

[解答 4.2]　$I_1 + I_2 = 0$, $I_1 = \dfrac{d(CV_i)}{dt}$, $I_2 = \dfrac{V_0}{R_1}$ より $V_0 = -CR_1 \dfrac{dV_i}{dt}$ が求まる．

[解答 4.3]　10111001
[解答 4.4]　$10111001 = 2^7 + 2^5 + 2^4 + 2^3 + 2^0 = 185$
[解答 4.5]　$10.01 = 1 \times 2^1 + 0 \times 2^0 + 0 \times 2^{-1} + 1 \times 2^{-2} = 2 + 0.25 = 2.25$
[解答 4.6]　　+2　　0　010
　　　　　　　−2　　1　010　(符号絶対値表現)
　　　　　　　−2　　1　101　(1 の補数表現)
　　　　　　　−2　　1　110　(2 の補数表現)
[解答 4.7]　表 4.2 より 16 進数 D は 10 進数で 13 を表す．したがって，$(D7)_{16進数} = (137)_{16進数}$ となり，$13 \times 16 + 7 \times 16^0 = 215$ が求める答である．
[解答 4.8]　表 4.2 より "m" に対応する．
[解答 4.9]　2 B，"+" に対応．
[解答 4.10]　-4.4 V

5 章

[解答 5.1]　0
[解答 5.2]　方形波の実効値，平均値 A より，波形率，波高率ともに 1 である．
[解答 5.3]　可動コイルは永久磁石で作られた磁界の中に置かれている．制動バネを通してコイルに電流が流されると，永久磁石の磁界とコイルに流れた電流による電磁力でコイルにトルクが発生し，電流の強さに応じた角度だけ回転する．この角度による指針の読みから電流の強さがわかる．
[解答 5.4]　直流，交流の電圧，電流，抵抗が測定できる．
[解答 5.5]　電圧計を接続しないときの負荷 R_L の端子電圧 V_{L1}

$$V_{L1} = \frac{ER_L}{R_0 + R_L}$$

電圧計を接続したときの負荷の端子電圧 V_{L2}

$$V_{L2} = \frac{E}{R_0 + \dfrac{R_V R_L}{R_V + R_L}} \frac{R_V R_L}{R_V + R_L}$$

V_{L1}/V_{L2} は

$$\frac{V_{L1}}{V_{L2}} = 1 + \frac{R_0 R_L}{R_V(R_0 + R_L)}$$

電圧計の内部抵抗が大きいほど,比が1に近づくことがわかる.

〔解答 5.6〕 入力電圧の実効値を E_i,入力抵抗を R_i とする.抵抗 R で消費する電力と R_l で消費する電力は等しいと置いて次式を得る.(a) については

$$\frac{E_i^2}{R_i} = \frac{(\sqrt{2} E_i)^2}{R} \quad \therefore \quad R_i = \frac{R}{2}$$

(b) については,抵抗 R には直流と交流が重畳して流れるから消費電力はこれらの和となる.

$$\frac{E_i^2}{R_i} = \frac{(\sqrt{2} E_i)^2}{R} + \frac{E_i^2}{R} \quad \therefore \quad R_i = \frac{R}{3}$$

〔解答 5.7〕 本文参照.

〔解答 5.8〕 本文参照.

6章

〔解答 6.1〕 $R = \dfrac{V}{I} - R_A$ となり,$R_A = 0$ のとき,$R = \dfrac{V}{I}$ となる.

〔解答 6.2〕 $R = \dfrac{V}{I - \dfrac{V}{R_V}}$ となり,$R_V = \infty$ のとき,$R = \dfrac{V}{I}$ となる.

〔解答 6.3〕
$$Z_1 Z_3 = |Z_1 Z_3| e^{j(\theta_1 + \theta_3)} = |Z_1 Z_3| \angle (\theta_1 + \theta_3)$$
$$Z_2 Z_4 = |Z_2 Z_4| e^{j(\theta_2 + \theta_4)} = |Z_2 Z_4| \angle (\theta_2 + \theta_4)$$

より式 (6.4) が得られる.

〔解答 6.4〕 本文参照.

〔解答 6.5〕
$$Z_1 = \frac{1}{\dfrac{1}{R_2} + j\omega C_2} = \frac{R_2}{1 + j\omega C_2 R_2}$$

$$Z_2 = R_1$$

$$Z_3 = R_x + \frac{1}{j\omega C_x}$$

$$Z_4 = \frac{1}{j\omega C_r}$$

より $Z_1 Z_3 = Z_2 Z_4$ から

$$R_1 + j\omega R_1 C_2 R_2 = \frac{C_r}{C_x} R_2 + j\omega C_r R_x R_2$$

が得られ，両辺の実数部分，虚数部分を比較すれば，

$$R_x = \frac{C_2}{C_r} R_1, \quad C_x = \frac{R_2}{R_1} C_r, \quad \tan\delta = \omega C_2 R_2$$

が得られる．

〔解答 6.6〕 本文参照．
〔解答 6.7〕 本文参照．

7章

〔解答 7.1〕 図 4.3 と本文参照．

〔解答 7.2〕 周波数と変動の測定は，時間領域の周波数安定度の定義からわかるように，周波数の変動を測定時間にわたって平均した値を求めていることになる．そのため，周波数変動の平均値は，測定時間に依存することになる．

〔解答 7.3〕 発振器 1 の周波数を A [Hz]，発振器 2 の周波数を未知として X [Hz] とする．100 s で位相が 1 回転したので，2 台の発振器間で周波数が 0.01 Hz だけ違っていることになる．局部発振器の周波数を L [Hz] とすると，混合器出力で差の周波数成分をとると次式が成り立つ．$A - L = X - L \pm 0.01$ [Hz] ∴ $X = A \pm 0.01$ [Hz]

〔解答 7.4〕 f_v が直接周波数計測できるような低い周波数になるように，逓倍次数 N を選択して電圧制御発振器の周波数を高める．周波数計数では f_v が計数されるが，表示には $f_x = fNf_v + f_r$ となり，Nf_v と Nf_r が加えられた値が表示される．

〔解答 7.5〕 古典的な分散は $V = 0.55$，Allan 分散は，$V_a = 0.92$．

8章

〔解答 8.1〕 R_v が無限大の場合 5 W，50 kΩ の場合 4.95 W．
〔解答 8.2〕 R_A が 0 の場合 15 W，10 Ω の場合 12.5 W．
〔解答 8.3〕 $R_A R_V = 500 \times 10^3\,\Omega^2$，$R_L^2 = 40 \times 10^3\,\Omega^2$．したがって，$R_A R_V > R_L^2$ より，(a) の回路の方が誤差は小さい．

〔解答 8.4〕 $R_L^2 = 400$, $R_F \cdot R_M = 600$, したがって, $R_F \cdot R_M > R_L^2$ より図 8.3(b)の方が誤差は小さい.

〔解答 8.5〕 30°遅れている.

〔解答 8.6〕 力率は 0.866, 有効電力は 216.5 W, 皮相電力は 250 VA, 無効電力は 125 Var, 無効率は 0.5.

〔解答 8.7〕 本文参照.

〔解答 8.8〕
$$\cos(\varphi \pm 30°) = \cos\varphi \cdot \cos 30° \mp \sin\varphi \cdot \sin 30°$$
$$= \frac{\sqrt{3}}{2}\cos\varphi \mp \frac{1}{2}\sin\varphi$$

の関係を使う.

〔解答 8.9〕 $V_H = 0.5$ mV

〔解答 8.10〕 式(8.56) より
$$P = 4.2 \times 0.8 \times 12$$
$$= 40 \text{ W}$$

9 章

〔解答 9.1〕 $\varPhi = 0.02$ mWb.

〔解答 9.2〕 $B = 0.2$ mWb/m².

〔解答 9.3〕 ゲルマニウムのホール定数 $R_H = 3.5 \times 10^{-2}$ を用いて, 式(9.5) より $B = 0.29$ Wb/m² と求まる.

〔解答 9.4〕 $\varPhi = AB = 10 \times (10^{-2})^2 \times 0.29 = 0.29$ mWb.

〔解答 9.5〕 本文参照.

〔解答 9.6〕 本文参照.

〔解答 9.7〕 本文参照.

10 章

〔解答 10.1〕 本文参照.

〔解答 10.2〕 本文参照.

〔解答 10.3〕 本文参照.

〔解答 10.4〕 本文参照.

〔解答 10.5〕 $f_x = 100$ Hz.

〔解答 10.6〕 30°.

〔解答 10.7〕 1.75 ns.

〔解答 10.8〕 本文参照.

〔解答 10.9〕 パルス変調または周波数変調された波形を観測するのに適している.

索引

(五十音順)

あ行

アナログコンピュータ ………………… 52
アナログ式電圧計 …… 82
アナログ測定法 ………… 6
アナログ量 …………… 52

陰極線オシロスコープ ………………… 148
インピーダンス
　自動平衡記録計 …… 146

ウイーンブリッジ …… 93
うず電流損 …………… 133
薄膜マイクロブリッジ
　型ジョセフソン素子 ………………… 44

エバス・モールモデル ………………… 55
エプスタイン装置 …… 140
エレクトロニック
　検流計 …………… 91
円形記録紙 …………… 143
演算増幅器 …………… 52

オシロスコープ ……… 143
オフセット誤差 ……… 70

オフセット電圧 ……… 52
折り返し ……………… 66

か行

外部雑音 ……………… 28
回路試験器 …………… 90
ガウス分布 …………… 12
角周波数 ……………… 74
確度 …………………… 8
確率誤差 ……………… 12
加算器 ………………… 54
過剰雑音 ……………… 31
ガスセル型ルビジウム
　原子発振器 ………… 98
仮想接地 ……………… 54
かたより ……………… 8
可聴周波数 …………… 125
過補償 ………………… 150
ガルバノメータ記録計
　………………… 143, 145
カロリメータ ………… 110
カロリメータ電力計 ………………… 125
環境誤差 ……………… 10
間接測定法 …………… 3
緩和周波数 …………… 32

帰還増幅器 …………… 53
奇偶検査 ……………… 65

奇パリティ …………… 65
基本単位 ……………… 38
逆対数増幅器 ………… 56
吸収型周波数計 ……… 99
局部発振器 …………… 160
記録計 ………………… 143

クーパー対 …………… 44
偶パリティ …………… 65
クーロンの法則 ……… 1
組立単位 ……………… 38
グラフ記録計 ………… 143
クロックパルス ……… 100

系統誤差 ……………… 10
ケリー・フォスター
　ブリッジ …………… 93
減衰プローブ ………… 149
検流計 …………… 4, 80

硬磁性材料 …………… 133
交流ジョセフソン効果 ………………… 44
国際単位系 …………… 38
国際度量衡委員会 …… 47
国際度量衡総会 ……… 38
誤差関数 ……………… 15
誤差曲線 ……………… 13
誤差検出器 …………… 146

索　引

誤差伝搬の法則 ………… 3
誤差率 ………………… 7
個人誤差 ………………… 10
混合器 …………………… 5

さ行

サーミスタ …………… 126
最確値 ………………… 16
最上位の桁 …………… 61
最小二乗法 …………… 15
最小ビット …………… 70
雑音 …………………… 28
雑音指数 ……………… 33
差動増幅器 …………… 52
散弾雑音 ……………… 30
サンプリング ………… 66
サンプリング
　　オシロスコープ……159
残留磁気 ……………… 131

シェーリングブリッジ…93
磁化特性 ……………… 131
指示計器 ……………… 77
四捨五入 ……………… 21
四捨六入 ……………… 21
実効値 …………… 75, 114
自動平衡記録計 ……… 143
自動平衡ブリッジ …… 94
弱結合型 ……………… 44
シャピロ・ステップ … 46
周波数カウンタ ……… 99
周波数シンセサイザ … 50

周波数標準 …………… 49
周波数変換 …………… 57
周波数変調 …………… 160
受信機 ………………… 33
瞬時値 …………… 74, 114
衝撃検流計 …………… 129
ジョセフソン効果 …… 44
ショット雑音 …… 28, 30
ジョンソン雑音 ……… 28
真空管 ………………… 82
シンクロスコープ …… 148
信号 …………………… 28
信号対雑音比 ………… 32
真の値 ………………… 6
振幅 …………………… 74

水晶発振器 …………… 98
水素メーザ …………… 98
酔歩 …………………… 31
スタインメッツの式
　……………………… 141
スマートグリッド …… 127
スマートメータ ……… 127
スペクトラム
　アナライザ …… 143, 160

正確さ ………………… 8
正規磁化曲線 ………… 131
正規分布 ……………… 14
正弦波 ………………… 74
整合 …………………… 29
整定時間 ……………… 53

静電電圧計 …………… 85
精密さ ………………… 8
積分器 ………………… 55
絶縁体 ………………… 44

相対誤差 ……………… 7
増幅器 …………… 33, 52
測定器の誤差 ………… 10
測定誤差 ……………… 6
測定値 ………………… 6

た行

帯形記録紙 …………… 143
対数増幅器 …………… 55
ダイナミックレンジ … 55
多相交流回路 ………… 118
立ち上がり時間 ……… 158
立ち下がり時間 ……… 158
単相交流電力測定法
　……………………… 114

超伝導干渉素子 ……… 31
超伝導体 ……………… 44
直接測定法 …………… 2
直動式記録計 …… 143, 145
直流ジョセフソン効果
　……………………… 44
直流増幅器 …………… 52
チョッパ増幅器 ……… 81

抵抗量子標準 ………… 47

ディジタル
   エレクトロニック
    周波数カウンタ …… 99
ディジタル計器 ……… 77
ディジタル式電圧計 … 82
ディジタル測定法 ……… 5
ディジタル変換 …… 61
ディジタル
   マルチメータ …… 77
デシベル …………… 22
鉄損 ………………… 138
デュアルスロープ …… 68
電圧プローブ ……… 83
電圧変成器 …………… 86
電圧利得 ……………… 23
電圧量子標準 ……… 44
電界効果トランジスタ
                  …… 32
電気諮問委員会 …… 47
電磁オシログラフ …… 148
電子式電力計 ……… 110
電子磁束計 ………… 129
電子対 ……………… 44
点接触型
   ジョセフソン素子 … 44
電流変成器 ………… 86
電流力計型電力計 … 110
電力利得 …………… 22
電力量 ……………… 124

透磁率計法 ………… 135
同相電圧除去比 …… 52

トリガ誤差 ………… 101
ドリフト …………… 81

な行

ナイキスト雑音 …… 28
内部雑音 …………… 28
軟磁性材料 ………… 131

2重平衡変調器 …… 57

ネーパー …………… 25
熱雑音 ……………… 28
ネットワーク
   アナライザ ……… 95

は行

白色雑音 …………… 31
波形 ………………… 74
波形分析 …………… 143
波形率 ……………… 75
波高値 ……………… 74
波高率 ……………… 75
ばらつき …………… 9
パリティチェック … 65
パルス振幅変調 …… 66
パルス幅 …………… 158
パルス幅変調 ……… 66
パルス符号変調 …… 66
パルス変調 ………… 160
バレッタ …………… 126
パワースプリッタ … 95

パワースペクトル密度
               …… 31, 105

ビーム型セシウム
   原子発振器 ……… 98
ヒステリシス ……… 45
ヒステリシス損 …… 133
皮相電力 …………… 115
被測定機器 ………… 95
非直線誤差 ………… 70
微分器 ……………… 55
百分率誤差 ………… 7
百分率補正 ………… 7
標準偏差 ………… 9, 11
標本化 ……………… 66
標本化定理 ………… 66
ピンク雑音 ………… 31

フィルタ …………… 59
負帰還 ……………… 54
符号 ………………… 64
符号化 ……………… 66
符号変換器 ………… 54
不足補償 …………… 150
フリッカ雑音 …… 28, 31
ブロンデルの法則 … 118
分解能 ……………… 69
分散 ……………… 9, 11

平均値 …………… 11, 74
平衡 ……………… 80, 90
ヘテロダイン ……… 102

偏位法 ………………… 3
変換器 ………………… 33
偏差の平均値 ………… 11

ホイートストン
　ブリッジ …………… 90
方向性結合器 ………… 95
ホール起電力 ………… 121
ホール効果 ……… 121, 129
ホール効果電力計 …… 123
ホール素子 …………… 86
ホール電界 …………… 121
補償法 ………………… 5
補助単位 ……………… 38
保磁力 ………………… 131
補正 …………………… 7
補正率 ………………… 7
ボルツマン定数 ……… 28
ボロメータ素子 ……… 126
ボロメータ電力計 …… 125
ホワイト雑音 ………… 31

ま・や・ら・わ行

マクスウエルブリッジ
　………………………… 93
丸め …………………… 21

無効電力 ……………… 115

メートル条約 ………… 38

目盛盤 ………………… 77
有効数字 ……………… 20
有効電力 ……………… 115
誘導型電力量計 ……… 124
有能入力雑音電力 …… 30
有能利得 ……………… 33

ラングミュアー
　プロジェット膜 …… 47
ランダム誤差 ………… 10

力率 …………………… 115
リサジュー図形 ……… 153
リサジュー法 ………… 104
リターンロス ………… 95
利得誤差 ……………… 70
量子化 ………………… 66
量子化誤差 …………… 70
量子電気標準 ………… 43
量子ホール効果 …… 44, 47
臨界温度 ……………… 44

零位法 ………………… 4

ローレンツ力 ………… 121
ロックイン増幅器 …… 58
ロンジテュー
　ディナルビット …… 66
ワグナー接地 ………… 92

数字・欧文

±1 カウント誤差 …… 101
$1/f$ 雑音 ……………… 28
10 進数 …………… 62, 100
1 バイト ……………… 64
2 進化 10 進符号 ……… 100
2 進化 10 進法 ………… 66
2 進数 ………………… 100
2 進法 ………………… 62
2 端子抵抗測定法 …… 89
2 電力計法 …………… 119
2 標本分散 …………… 105
3 相交流電力 ………… 118
3 電圧計法 …………… 116
3 電流計法 …………… 116
4 端子測定法 ………… 89

A/D 変換器 …………… 67
Allan 分散 ……… 105, 106
ASCII ………………… 64
B-H 曲線 …………… 131
CCITT ………………… 64
CPU …………………… 68
CRT …………………… 160
GP-IB ………………… 78
LCR メータ …………… 94
p 型電圧計 …………… 83
SI 単位系 ……………… 38
X-Y 記録計 …………… 143

〈著者略歴〉

大浦 宣徳（おおうら のぶのり）
工学博士
昭和35年　東京工業大学大学院理工学研究科
　　　　　修士課程修了
　　　　　前東京工業大学助教授

関根 松夫（せきね まつお）
理学博士
昭和45年　東京工業大学大学院博士課程修了
　　　　　東京工業大学助教授をへて
平成11年　防衛大学校教授
平成19年　　同　　　　退官

本書は，昭晃堂から発行されていた「新しい 電気・電子計測」をオーム社から発行するものです．

- 本書の内容に関する質問は，オーム社書籍編集局「（書名を明記）」係宛に，書状または FAX（03-3293-2824），E-mail（shoseki@ohmsha.co.jp）にてお願いします．お受けできる質問は本書で紹介した内容に限らせていただきます．なお，電話での質問にはお答えできませんので，あらかじめご了承ください．
- 万一，落丁・乱丁の場合は，送料当社負担でお取替えいたします．当社販売課宛にお送りください．
- 本書の一部の複写複製を希望される場合は，本書扉裏を参照してください．
  JCOPY ＜出版者著作権管理機構 委託出版物＞

新しい
電気・電子計測

2014年 9月15日　　第1版第1刷発行
2020年 1月30日　　第1版第7刷発行

著　者　大浦宣徳
　　　　関根松夫
発行者　村上和夫
発行所　株式会社　オーム社
　　　　郵便番号　101-8460
　　　　東京都千代田区神田錦町3-1
　　　　電話 03(3233)0641（代表）
　　　　URL https://www.ohmsha.co.jp/

© 大浦宣徳・関根松夫 2014

印刷　美研プリンティング　製本　協栄製本
ISBN978-4-274-21622-0　Printed in Japan

関連書籍のご案内

電気工学ハンドブック 第7版

一般社団法人 電気学会 編

- B5判・2706頁・上製函入
- 本文PDF収録DVD-ROM付
- 定価(本体45000円[税別])

電気工学分野の金字塔、充実の改訂！

1951年にはじめて出版されて以来、電気工学分野の拡大とともに改訂され、長い間にわたって電気工学にたずさわる広い範囲の方々の座右の書として役立てられてきたハンドブックの第7版。すべての工学分野の基礎として、幅広く広がる電気工学の内容を網羅し収録しています。

編集・改訂の骨子

■ 基礎・基盤技術を固めるとともに、新しい技術革新成果を取り込み、拡大発展する関連分野を充実させた。

■ 「自動車」「モーションコントロール」などの編を新設、「センサ・マイクロマシン」「産業エレクトロニクス」の編の内容を再構成するなど、次世代社会において貢献できる技術の取り込みを積極的に行った。

■ 改版委員会、編主任、執筆者は、その分野の第一人者を選任し、新しい時代を先取りする内容となった。

■ 目次・和英索引と連動して項目検索できる本文PDFを収録したDVD-ROMを付属した。

主要目次 数学／基礎物理／電気・電子物性／電気回路／電気・電子材料／計測技術／制御・システム／電子デバイス／電子回路／センサ・マイクロマシン／高電圧・大電流／電線・ケーブル／回転機一般・直流機／永久磁石回転機・特殊回転機／同期機・誘導機／リニアモータ・磁気浮上／変圧器・リアクトル・コンデンサ／電力開閉装置／避雷装置／保護リレーと監視制御装置／パワーエレクトロニクス／ドライブシステム／超電導および超電導機器／電気事業と関係法規／電力系統／水力発電／火力発電／原子力発電／送電／変電／配電／エネルギー新技術／計算機システム／情報処理ハードウェア／情報処理ソフトウェア／通信・ネットワーク／システム・ソフトウェア／情報システム・監視制御／交通／自動車／産業ドライブシステム／産業エレクトロニクス／モーションコントロール／電気加熱・電気化学・電池／照明・家電／静電気／医用電子・一般／環境と電気工学／関連工学

もっと詳しい情報をお届けできます．
◎書店に商品がない場合または直接ご注文の場合は右記宛にご連絡ください．

ホームページ http://www.ohmsha.co.jp/
TEL／FAX TEL.03-3233-0643 FAX.03-3233-3440

(定価は変更される場合があります)